STATISTIQUE
SCIENTIFIQUE
D'EURE-ET-LOIR.

ZOOLOGIE, ICHTHYOLOGIE, ORNITHOLOGIE

PAR

MM. A. MARCHAND, LAMY ET DE BOISVILLETTE.

CHARTRES

PETROT-GARNIER, LIBRAIRE

Place des Halles, 16 et 17.

1874

STATISTIQUE SCIENTIFIQUE

DU

DÉPARTEMENT D'EURE-ET-LOIR.

CHARTRES. IMPRIMERIE DE GARNIER.

SOCIÉTÉ ARCHÉOLOGIQUE

D'EURE-ET-LOIR.

STATISTIQUE SCIENTIFIQUE

ZOOLOGIE

PAR

MM. MARCHAND, LAMY et DE BOISVILLETTE.

CHARTRES

PETROT-GARNIER, LIBRAIRE

Place des Halles, 16 et 17.

—

1867.

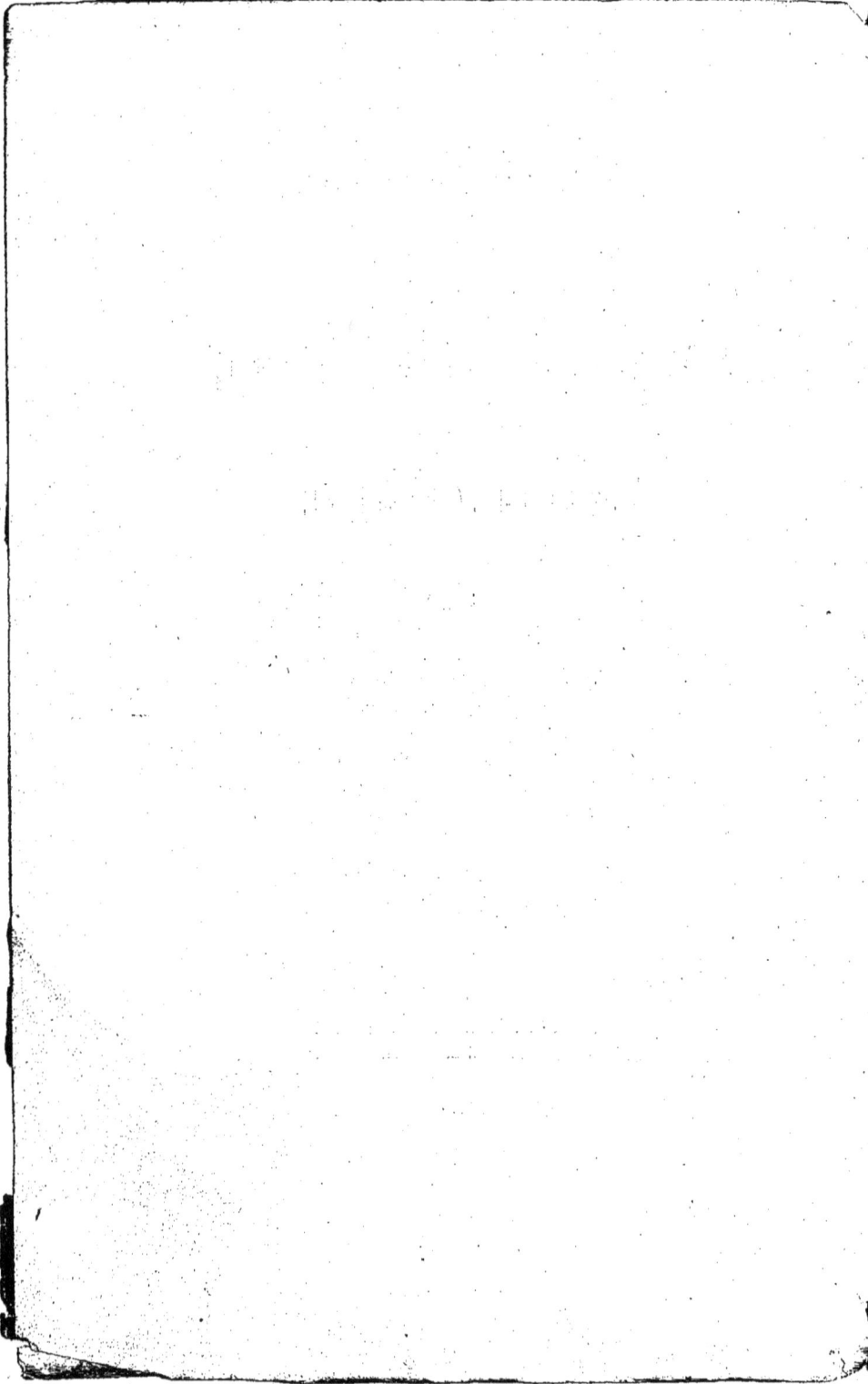

INTRODUCTION. [1]

Il est rare qu'un département, fût-il le représentant plus ou moins entier d'une ancienne province, réunisse des conditions assez particulières de climat, de lieux, d'étendue, pour se faire une faune à part dans l'historique commun d'une région zoologique. Tout au plus peut-il prétendre, sinon à l'exclusion, ni à la possession trop génériques, du moins à une certaine proportion relative d'espèces, accidentellement nées ou attirées sur un point de son territoire.

Parmi les contrées en outre les moins variées de sol, d'eaux, de nature, Eure-et-Loir semble, à première vue, par l'émoussé des formes et la constitution dominante du fond, toucher à la limite d'uniformité : dans un espace restreint et sur un terrain

---

[1] M. de Boisvillette, président de la Société, avait relié entre elles les diverses branches de la *Zoologie*, dont les éléments lui avaient été fournis par MM. Marchand et Lanny, et avait rédigé toute la seconde partie sur la *Zootechnie*. Nous avons reproduit intégralement le travail de M. de Boisvillette.

nivelé, la conséquence nécessaire veut que l'espèce locale habite assez indistinctement partout, et qu'elle ressemble en tout à sa congénère du pays voisin.

C'est bien ainsi que se passent les choses en général et surtout chez nous en particulier. Au point de vue théorique, la zoologie pure n'a rien de neuf à apprendre d'une excursion sur la contrée; mais si elle sait se borner à relever des points singuliers et se contente des détails, l'ensemble étant déjà connu, l'observation partielle, bien secondaire, de ses divers ordres de vertébrés, peut y chercher encore à déterminer ceux des individus qui paraissent être plus intimement chez eux, et les étrangers qui sont amenés par leurs instincts et habitudes, à rechercher la distribution naturelle des uns et des autres, constater au besoin les lacunes de la série ordinaire, et dresser enfin le catalogue sans se préoccuper de la nomenclature.

Même ainsi restreinte, la revue zoologique du département ne se résume pas d'ailleurs en une énumération simple; elle a aussi ses caractères distinctifs comme la plupart des productions organiques dans leurs rapports avec la nature des lieux, dont les traits sans doute se fondent en une plus grande ressemblance commune, mais pas assez toutefois pour qu'il n'en persiste des traces d'origine ou d'habitat.

Le pays non plus n'est pas tellement nivelé qu'il n'ait ses accidents propres et par suite ses raisons déterminantes de préférences de gîtes, de haltes, de voyages, ses influences même favorables ou contraires de reproduction. La grande plaine calcaire de la Beauce, faiblement sillonnée par les bassins tranquilles de l'Eure et du Loir, qui se lève en pente douce, vers les faîtes plus découpés du Perche, d'où descendent à l'Huisne des eaux vives et profondes, détermine la configuration principale.

À l'ouest, la plaine céréale; à l'est, les vestiges accidentés de la forêt; au nord, le bord du bassin parisien; au sud, les avant-gardes de la grande vallée de la Loire, constituent ses éléments de forme et d'état.

Portion de l'Orléanais, en outre, circonscrite par la Normandie, l'Ile-de-France, le Gâtinais, la Touraine, le Maine, il participe un peu de ses voisins, tout en ayant sa figure particulière.

Est-ce à dire qu'il faille le prendre comme un ilot nettement délimité par son littoral rationnel ou apparent?

Telles ne sauraient assurément se poser la définition géographique ni l'unité propre du département. Mais, tout en le classant dans la série des terrains plats et la région du climat séquanien, ses données de lieux lui font une place qui est sienne et non autre, que la faune générale a peuplé de sujets plus ou moins nombreux selon la mesure des conditions vitales que leur y a ménagées la nature.

À défaut de faits saillants, relever seulement les types locaux, c'est encore travailler à la composition du groupe scientifique : la description zoologique d'Eure-et-Loir, parmi d'inévitables et très-nombreuses répétitions, n'eût-elle que le mérite de son énumération raisonnée, aura concouru à former le faisceau. Tel a été du moins son but premier, et si elle n'a rien ajouté de nouveau au catalogue de la faune française, elle aura fait connaître, la première, au département, ses espèces propres, récoltées ou décrites par ses hommes spéciaux. Ils ont bien voulu prêter à la Société Archéologique l'aide de leurs travaux et de leur expérience. C'est un devoir, et ce sera un plaisir pour moi d'indiquer, à chaque article, les auteurs dont le concours éclairé a préparé ou produit l'œuvre.

J'ai suivi, dans les énumérations des vertébrés, l'ordre des familles indiqué :

1ᵉʳ ℥. — Mammifères, par Cuvier. (Règne animal.)

2ᵉ ℥. — Oiseaux, par Degland. (Ornithologie Européenne.)

3ᵉ ℥. — Reptiles, par Duméril et Bibrou. (Erpétologie générale.)

4ᵉ ℥. — Poissons, par Cuvier. (Règne animal.)

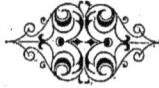

ZOOLOGIE

DU

DÉPARTEMENT D'EURE-ET-LOIR.

PREMIÈRE PARTIE.

MAMMIFÈRES.

III͏ᵉ Ordre. — CARNASSIERS. [1]

1͏ʳᵉ Famille. — CHEIROPTÈRES.

1. Rhinolophe unifer, *Rhinolophus unihastatus.*
AC. — Nom pop. : *Grand fer à cheval.*

Rhinolophe bifer, *Rhinolophus bihastatus.*
Plus rare que le précédent. — Nom pop. : *Petit fer à cheval.*

2. Chauve-souris ordinaire, *Vespertilio murinus.*
TC. — Se retire l'hiver, comme ses congénères, dans les caves, les puits, les fissures des murailles et les arbres creux.

Chauve-souris sérotine, *Vespertilio serotinus.*
Plus rare que la précédente, et d'ailleurs dans les mêmes conditions.

[1] Classification Cuvier (Règne animal).

CHAUVE-SOURIS NOCTULE, *Vespertilio noctula.*

Comme la précédente.

CHAUVE-SOURIS PIPISTRELLE, *Vespertilio pipistrelus.*

C'est une des plus communes.

3. OREILLARD COMMUN, *Plecotus auritus.*

AC. — Il a les mêmes habitudes que les chauves-souris.

OREILLARD BARBASTRELLE, *Plecotus barbastrellus.*

R. — Je ne l'ai pas encore rencontré, bien qu'on le trouve quelquefois.

2ᵉ FAMILLE. — INSECTIVORES.

1. HÉRISSON ORDINAIRE, *Erinaceus Europæus.*

TC. — Dans les bois, même dans les petits bosquets des plaines de la Beauce.

Var. *Suillus.* — Dans les rochers et les troncs d'arbres.

2. MUSARAIGNE COMMUNE, *Sorex araneus.*

TC. — Habite les troncs d'arbres et les lieux pierreux.

MUSARAIGNE DE DAUBENTON, *Sorex Daubentonii.*

AR. — Elle a été décrite par M. Geoffroy de Saint-Hilaire dans un mémoire sur les Musaraignes et les Mygales, d'après un individu que lui avait envoyé mon père, en juillet 1823, et qui figure au Muséum d'histoire naturelle de Paris.

MUSARAIGNE PLARON, *Sorex constrictus.*

R. — Décrite dans le mémoire précité et figurant au Muséum de Paris comme envoyée par le même.

MUSARAIGNE PORTE-RAME, *Sorex remifer.*

R. — Décrite d'après un individu unique du cabinet de mon père. Je m'en suis procuré plusieurs depuis.

Souvent confondu avec le *Sorex carinatus* habitant aussi les cours d'eau.

3. — TAUPE COMMUNE, *Talpa Europæa.*

TC. — On en trouve parfois des variétés blanche, blonde ou avec des taches blanches sur le fond noir.

3ᵉ Famille. — CARNIVORES.

1. Blaireau d'Europe, *Ursus meles*.

AC. — Dans les bois du Perche.

R. — Partout dans la Beauce où l'on n'en voit que quelques individus égarés.

2. Putois commun, *Putorius communis*.

TC. — Fait de grands ravages dans les garennes et les basses-cours. On peut s'en servir comme de furet en ayant la précaution de lui arracher les dents.

3. Vison, *Putorius lutreola*.

TR. — M. O. Desmurs (Revue et Magasin de zoologie, novembre 1861) signale sa présence dans le département d'Eure-et-Loir. — En septembre 1863, M. de Tarragon cite plusieurs captures de cet animal faites près Châteaudun.

4. Belette, *Putorius vulgaris*.

TC. — Partout. Elle détruit beaucoup de nids d'oiseaux.

Hermine, *Putorius ermineus*.

C. — Elle fait surtout de grands ravages dans les garennes et est très-difficile à détruire. De couleur fauve pendant l'été, elle devient entièrement blanche en hiver, sauf l'extrémité de la queue qui est noire en toutes saisons.

5. Marte commune, *Mustela martes*.

R. — Ne se rencontre que dans les grands bois et les lieux sauvages.

Fouine, *Mustela foina*.

TC. — Partout où il y a des volailles et du gibier.

6. Loutre commune, *Lutra vulgaris*.

AC. — Sur le bord des cours d'eau de Châteaudun et de Nogent-le-Rotrou : on l'a quelquefois aussi rencontrée autour de Chartres. En 1858, une femelle ayant été tuée à Morancez, un de ses petits fut pris vivant et conservé tel pendant plusieurs mois. Il était devenu très-familier.

7. Loup, *Canis lupus*.

R. — On en voit de temps à autre de passage dans les grands bois du département, où ils manquent ensuite pendant plusieurs années.

8. Renard ordinaire, *Canis vulpes*.

C. — C'est un grand destructeur de nichées de perdrix et de lapins. Il creuse dans la plaine un terrier pour y déposer ses petits, souvent à une assez grande distance des bois.

Renard charbonnier, *Canis alopex*.

AC. — Il paraît être une variété constante du renard ordinaire : tous les chasseurs prétendent qu'il ne se terre pas. Un m'a été apporté en 1860 ; il a été pris lui troisième dans le même terrier, les deux autres avaient le pelage ordinaire.

9. Chat ordinaire, *Felis catus*.

TR. — Deux de ces animaux auraient été tués dans l'arrondissement de Châteaudun.

V° Ordre. — RONGEURS.

1. Ecureuil commun, *Sciurus vulgaris*.

TC. — Dans le Perche. Il fait beaucoup de dégâts dans les plantations de pins, dont non-seulement il mange les graines, mais dont il coupe les sommités. Il fait aussi des ravages dans les espaliers et surtout dans les treilles.

2. Loir, *Myoxus glis*.

TR. — Un de ces animaux a été apporté en ville dans un fagot venant de la forêt de Bailleau.

3. Lérot, *Mus nitela*.

AC. — Dans les jardins et les vergers, où il dévaste les espaliers.

4. Muscardin, *Mus avellanarius*.

TR. — Il est difficile à découvrir, se tenant toujours et nichant dans de vieilles trognes au milieu des grands bois.

5. Souris, *Mus musculus*.

TC. — Se trouve partout.

6. Rat, *Mus rattus*.

TC. — Partout où il y a du grain. Il fait des dégâts considérables dans les pigeonniers, en perçant la panse des jeunes oiseaux, pour se nourrir du grain dont elle est remplie.

7. Surmulot, *Mus decumanus*.

TC. — Particulièrement dans les moulins-à-eau. Il nage très-bien et reste quelquefois longtemps sous l'eau. Ce rongeur très-vorace s'empare des jeunes oiseaux d'eau dont il fait sa proie. On le rencontre souvent réuni en troupe nombreuse et alors son séjour dans le même endroit est de très-peu de durée.

8. Mulot, *Mus sylvaticus*.

AC. — Il se retire dans l'épaisseur des murs tapissés d'espaliers, dont il attaque de préférence les plus beaux fruits.

9. Rat nain, *Mus minutus*.

AR. — Dans les bois. Trouvé sur la limite du Dunois.

10. Campagnole rat-d'eau, *Arvicola amphibia*.

TC. — Le long des cours d'eau, où il fait périr grand nombre de jeunes arbres en coupant leurs racines.

11. Campagnole ordinaire, *Arvicola arvalis*.

TC. — Certaines années, il y en a de telles quantités dans les champs ensemencés, particulièrement ceux de terre légère, que l'on est obligé de réensemencer les blés au printemps. Il arrive fréquemment que des prairies artificielles sont complètement détruites par ces petits animaux qui soulèvent la terre au point de mettre les racines à découvert.

12. Campagnole souterrain, *Arvicola subterranea*.

AC. — Dans les prairies.

13. Lièvre commun, *Lepus timidus*.

C. — Il habite aussi bien la plaine que les bois. Les chasseurs en détruisent beaucoup.

14. Lapin, *Lepus cuniculus*.

TC. — Presque partout : ils dévastent les champs qui avoisinent les bois où ils gîtent.

VIIe Ordre. — PACHYDERMES.

1. Sanglier, *Sus scropha.*

Ne se rencontre plus guère que dans les grands bois de l'arrondissement de Nogent-le-Rotrou.

———

VIIIe Ordre. — RUMINANTS.

1. Daim, *Cervus dama.*

AR. — Habite les bois des grands propriétaires du canton de Courville et à Villebon, où l'on en voit encore quelques-uns qui tendent chaque jour à disparaître.

2. Cerf commun, *Cervus claphus.*

TR. — Il s'en trouve encore quelques-uns dans l'arrondissement de Dreux.

3. Chevreuil d'europe, *Cervus capreolus.*

C. — Dans presque tous les grands bois du département.

Ainsi que le faisaient prévoir les données locales, l'énumération qui précède ne sort des conditions ordinaires ni par le nombre ni par l'espèce : c'est une liste courante et qu'on pouvait dresser d'avance sur un terrain connu. Les mammifères d'ordre utile étant le plus communément à l'état de domesticité appartiennent au domaine particulier de la zootechnie et, parmi les sauvages, nos bois sont trop clairsemés pour abriter les forestiers et nos champs trop découverts pour protéger les plus faibles.

Mais, par une sorte de compensation, ceux-ci, notamment les Rongeurs, s'y multiplient avec une abondance souvent des plus nuisibles à la culture.

Le Campagnole ordinaire, entr'autres, foisonne parfois dans les terres calcaires de l'Est au point d'y détruire par ses fouilles

les ensemencements et les prairies ; le Lapin, de son côté, si on ne lui fait bonne chasse, dévaste les champs voisins de ses garennes ; le Lièvre, nonobstant une active poursuite, reste encore assez nombreux dans la plaine ; le Rat et la Souris pullulent partout où il a des grains en réserve ; le Mulot s'attaque aux jardins et le Rat-d'eau aux jeunes arbres des prairies. Cette série de destructeurs, qui habite en tous lieux, semble, dans un département agricole, avoir pris plus particulièrement son chez soi.

L'ordre des Carnassiers y a d'un peu moins nombreux représentants : la famille des Cheiroptères ne fournit guère que les Chauves-souris assez inoffensives ; celle des Insectivores, la Musaraigne et la Taupe causant quelques dommages ruraux suivant les uns, et favorables au contraire à la destruction des insectes, particulièrement des vers blancs, suivant d'autres. Parmi les genres de la famille des Carnivores, la Belette, le Putois, la Fouine principalement attaquent les basses-cours ; le Loup est devenu assez rare, le Renard reste encore assez commun et la Loutre se trouve dans les eaux vives du Dunois et du Perche.

Le Sanglier, seul genre local des Pachydermes, pénètre accidentellement par les bois de l'Ouest, venant des forêts voisines plutôt que véritablement indigène.

Le Daim, parmi les Ruminants, habite en petit nombre les grandes propriétés voisines de Courville où il a été primitivement importé ; le Cerf aussi, refoulé par le courre, a conservé quelques refuges dans les forêts de Dreux touchant à Seine-et-Oise. Le Chevreuil, plus abondant, se hasarde souvent jusque dans les jeunes taillis et demeure assez commun.

M. Marchand, dont le cabinet d'oiseaux fait école départementale, a bien voulu dresser la liste des mammifères et s'est trouvé d'accord sur sa rédaction avec M. de Tarragon, possesseur aussi d'une riche collection, mais d'ordre plus général.

DEUXIÈME PARTIE.

ORNITHOLOGIE.

Sur 507 espèces cataloguées par Degland, dans son *Ornitho-logie Européenne*, 231, sédentaires ou de passage, ont été ob-servées dans le département, et collectionnées par M. Armand Marchand qui a bien voulu en rédiger la notice.

Un pays dénudé, comme la Beauce, dont quelques groupes de ceinture boisée ne suffisent pas toujours à protéger l'habitant, semble, à première vue, une contrée inhospitalière, où, livré sans défense à l'atteinte du plus fort, le faible, par instinct de conservation, ne doit pas s'arrêter s'il est voyageur, ni ne sau-rait persister s'il appartient aux indigènes.

Mais la fertilité du sol vient balancer la nudité de l'abri, et l'ample provision de nourriture y retient d'assez nombreuses espèces, en même temps qu'elle contribue à la reproduction et aide à compenser les pertes.

C'est ainsi que s'explique l'abondance, remarquable encore dans la plaine, des oiseaux que les chasseurs appellent Gibier, qui s'y plaisent et multiplient, nonobstant les deux grands moyens de destruction, la chasse et la culture.

Chasse et braconnage sont souvent synonymes, et les rares sujets échappés au plomb pendant l'été succombent trop sou-vent en prise aux neiges et aux engins d'hiver.

De son côté, la coupe des prairies artificielles, où sont les nids, précède ordinairement l'éclosion des œufs et détruit la couvée, tandis que les cultures sarclées, qui demandent pres-que sans interruption le travail des champs, dérangent la ponte,

2

de telle sorte qu'on se demande comment la perdrix, par exemple, existe encore, chassée d'abord à outrance, et ensuite empêchée de se reproduire.

La loi naturelle de conservation des espèces n'est pas tellement forte pourtant qu'elle puisse se défendre seule ; elle n'a résisté jusqu'à ce jour qu'appuyée par la loi civile ; celle-ci faisant défaut, la première, pour certaines familles plus particulièrement atteintes, ne tarderait pas à périr.

Le gibier et bien d'autres oiseaux ont, pour ennemis aussi, les Rapaces, dont le nombre, si ce n'est l'espèce, est relatif aux moyens de satisfaire leur appétit et à l'impunité de la poursuite de leur proie. L'Aigle, la Bondrée, le Milan s'aventurent assez rarement dans la plaine ; la Buse vulgaire, le Busard-montagu, la Cresserelle, l'Epervier, la Chouette, le Hibou se voient plus fréquemment.

Dans l'ordre très-étendu des oiseaux sylvains, ceux qu'on appelle communément les petits oiseaux vivent et se multiplient, chez nous, sinon mieux protégés, du moins plus oubliés que les Gallinacées ; sans bien se rendre compte s'ils sont utiles ou nuisibles en se nourrissant d'insectes ou de grains, on les tolère, dans le pays, et ils parcourent librement la campagne en troupes, où les Fringilles, Mésanges, Alouettes, Merles ont particulièrement de nombreux représentants.

Les Corvidées semblent affectionner la contrée, tant on y trouve abondamment leurs divers genres, et principalement, en bandes parfois innombrables, les Corbeaux proprement dits, la plupart migrateurs, et dont une espèce, le Choucas ou Corneille de clocher, reste toute l'année et niche dans les clochers de la Cathédrale.

Les Etourneaux ou Sansonnets vulgaires se plaisent dans leur société ; on voit leurs troupes pendant l'hiver se mêler aux bandes de Corneilles et de Choucas.

Comme dans toute la France, l'Hirondelle de cheminée et de fenêtre, bientôt suivie du Martinet noir, nous arrive avec le printemps et nous quitte avant les premiers froids.

Parmi les Colombiens, le Pigeon de fuie, voisin de l'état domestique, n'existera bientôt plus que de nom, tant il est poursuivi dans les champs dont il dévore l'ensemencement, et de moins en moins abrité par l'asile du colombier. Son congénère, le Ramier, qui attaque les plants de colza, est l'objet d'une autipathie non moins ardente des cultivateurs, mais ses allures voyageuses le garantissent plus aisément de leurs atteintes.

L'ordre migrateur des Echassiers est représenté par l'Outarde, en assez petit nombre, le Courlis et le Vanneau un peu plus communs, le Pluvier-guignard, devenu aujourd'hui assez rare, et fort abondant, il y a moins d'un siècle, alors qu'il faisait la réputation gastronomique du pâté de Chartres, de même que l'alouette de celui de Pithiviers. La Bécasse, qui ne lui cède en rien comme gibier, et le Râle, qualifié roi des Cailles, sont restés fidèles à leurs habitudes de passage, pour la plus grande satisfaction des chasseurs et des gourmets.

Les grandes familles de l'ordre, Grues, Hérons, Cigognes, ne se montrent qu'accidentellement ; quelques Hérons toutefois nichent dans les marais voisins du Loir, notamment le Cendré qui paraît seulement de passage et s'y rencontre assez fréquemment solitaire, immobile sur une patte, et le cou replié en arrière, attendant patiemment sa proie.

Les Palmipèdes, également migrateurs, sont plus rares encore en Beauce que les Echassiers; leur vie et leur nourriture aquatiques ne les retiennent pas dans la plaine quand d'accident ils s'y aventurent; de rares et jeunes membres de la famille des Mouettes, Stercoraires, Goëlands ou Sternes, poussés par le vent d'ouest, y apparaissent à la suite des gros temps; le Goëland tridactyle ou Pigeon de mer vient plus fréquemment s'y échouer, particulièrement en hiver.

De la grande famille des Canards, les grosses espèces Oie, Cygne, Harle et les Fuligules n'apparaissent que très-accidentellement : parmi les Canards proprement dits, le Sauvage, le Pilet, le Siffleur et la Sarcelline sont assez communs, surtout le premier à l'état d'adulte ou de Hallebran, et nichent même dans quelques localités.

Les Plongeons sont très-rares, les Grèbes également, à l'exception du Castagneux, qui niche partout dans les joncs et roseaux, et qu'on appelle vulgairement Plongeon.

La nomenclature nécessairement restreinte aux conditions locales n'offre en elle-même rien de très-caractéristique, si ce n'est, parmi les sédentaires, la persistance de la Perdrix grise nonobstant tous les moyens de destruction, qui ont déjà fait disparaître en grande partie sa congénère, la rouge, et parmi les visiteurs, ces bandes de Corneilles noires et grises qui fondent sur la plaine, pendant l'hiver, sans qu'on se préoccupe beaucoup de les en chasser.

Dans cette revue sommaire, il n'a guère été question que de la plaine, parce que c'est là surtout la configuration propre du département. Si, vers le S.-O., la région s'accidente et se boise, si au N., vers la Seine, se trouvent de nombreux groupes forestiers, et tout au S.-E. la forêt d'Orléans faisant suite au Gâtinais, ces accidents de forme ou de culture sont assez éloignés du centre et ne peuvent servir de refuge qu'aux espèces à vol puissant et habitudes voyageuses.

Les cours d'eau, marais et étangs du pays, n'ont pas d'ailleurs assez d'étendue pour retenir une population spéciale ; là donc où les éléments certains de la conservation et de l'alimentation manquent, on ne s'étonnera pas de la rareté absolue des espèces, et pour qui sait tenir compte des faits et comprendre l'ordre des choses, le catalogue ornithologique d'Eure-et-Loir paraîtra relativement encore assez riche.

PREMIER ORDRE.

OISEAUX DE PROIE. — ACCIPITRES.

FAMILLE II. — FAUCONS. — FALCONIDÆ.

1. AIGLE CRIARD, *Aquila nævia*.
   TR. — Observé deux fois.

2. PYGARGUE ORDINAIRE, *Haliætus albicilla*.
   TR. — J'ai connaissance de la capture de 7 ou 8 de ces oiseaux dans différentes parties du département.

3. BALBUZARD FLUVIATILE, *Pandion haliætus*.
   TR. — Accidentellement.

4. Buse vulgaire, *Buteo vulgaris*.

Nom pop.: *Bondrée*.

TC. — Arrive au mois d'octobre; certaines restent jusqu'en mars; quelques paires nichent dans les forêts du Perche.

5. Buse patue, *Buteo lagopus*.

TR. — N'a jamais été observée que dans le Perche.

6. Bondrée commune, *Pernis apivorus*.

TR. — Accidentellement.

7. Milan royal, *Milvus regalis*.

AR. — De passage régulier au printemps et à l'automne.

8. Milan noir, *Milvus niger*.

TR. — Observé une seule fois.

9. Busard ordinaire, *Circus rufus*.

AR. — Niche sur les bords de la Conie : n'est que de passage dans les plaines de la Beauce, vers le mois d'octobre.

10. Busard Saint-Martin, *Circus cyaneus*.

AR. — Le mâle adulte ne fait que traverser nos plaines pendant l'hiver : les jeunes et les femelles sont assez communs. On les voit particulièrement à la fin de l'automne et pendant l'hiver.

11. Busard montagu, *Circus cineraceus*.

AC. — Niche régulièrement dans plusieurs localités de landes et bruyères, même dans les blés. Il passe en bandes quelquefois assez nombreuses du 15 août au 15 septembre : on n'en voit jamais pendant l'hiver.

12. Epervier ordinaire, *Astur nisus*.

Nom pop.: *Emouché*.

TC. — Depuis le mois d'octobre jusqu'au mois d'avril. Quelques paires nichent, particulièrement dans le Perche.

13. Epervier major, *Astur major*.

Aurait été tué dans l'arrondissement de Châteaudun?

14. Faucon sacre, *Falco sacer*.

TR. — Une très-vieille femelle a été tuée dans les plaines de la Beauce.

15. FAUCON PÈLERIN, *Falco peregrinus*.

Nom pop.: *Coucaille*.

AC. — On a remarqué qu'il est moins commun depuis que les colombiers de la Beauce sont dépeuplés.

16. FAUCON HOBEREAU, *Falco subbuteo*.

AC. — Arrive au mois de septembre. Quelques-uns nichent dans le pays.

17. FAUCON ÉMÉRILLON, *Falco lithofalco*.

AR. — De passage pendant l'hiver, toujours isolément.

18. FAUCON KOBEZ, *Falco vespertinus*.

TR. — Ne paraît que très-accidentellement.

19. FAUCON CRESSERELLE, *Falco tinnunculus*.

Nom pop. : *Emouché*.

TC. — Plusieurs paires nichent chaque année dans les clochers de la Cathédrale.

FAMILLE III. — ÆGOLIENS. — STRIGIDÆ.

20. CHOUETTE HULOTTE, *Strix aluco*.

Nom pop.: *Chat-Huant,* comme la plupart des oiseaux de nuit.

TR. — Se rencontre principalement dans les forêts du Perche.

21. CHOUETTE CHEVÈCHE, *Strix psilodactyla*.

TC. — Sédentaire.

22. CHOUETTE EFFRAIE, *Strix flammea*.

TC. — Sédentaire.

23. HIBOU BRACHYOTE, *Strix brachyotos*.

Nom pop.: *Chouette*.

AC. — De passage au mois de septembre. Il en reste une partie de l'hiver : niche rarement dans le pays, à terre et dans les ajoncs. J'en ai trouvé un nid dans un champ de luzerne.

24. HIBOU MOYEN-DUC, *Strix otus*.

Nom pop.: *Chat-Huant*.

C. — Sédentaire.

25. Hibou scops, *Strix scops*.

TR. — Arrive au printemps et repart aux premiers froids.

DEUXIÈME ORDRE.

OISEAUX SYLVAINS. — SILVICOLÆ.

FAMILLE IV. — PICS. — PICIDÆ.

26. Pic vert, *Picus viridis*.
TC. — Sédentaire.

27. Pic épeiche, *Picus major*.
C. — Seulement dans les parties boisées.

28. Pic mar, *Picus medius*.
TR. — Ne se montre que très-accidentellement.

29. Pic épeichette, *Picus minor*.
TR. — Paraît à des époques indéterminées.

30. Torcol verticille, *Yunx torquilla*.
Nom pop.: *Tire-langue*.
R. — Niche parfois dans le pays; il passe au printemps et à l'automne.

FAMILLE V. — COUCOUS. — CUCULIDÆ.

31. Coucou gris, *Cuculus canorus*.
AC. — Arrive au mois d'avril et repart à la mi-septembre.

FAMILLE VI. — FRINGILLES. — FRINGILLIDÆ.

32. Bec-croisé ordinaire, *Loxia curvirostra*.
AR. — De passage très-accidentel, souvent à des époques ordinairement très-éloignées.

33. BOUVREUIL VULGAIRE, *Pyrrhula Europæa.*

Nom pop.: *Ebourgeonneux.*

C. — De passage surtout l'hiver. Niche dans les pays boisés.

34. GROS-BEC ORDINAIRE, *Coccothraustes vulgaris.*

Nom pop.: *Pinson d'Ardennes.*

AR. — De passage : niche particulièrement dans les parcs non loin des habitations; voyage quelquefois pendant l'hiver.

35. VERDIER ORDINAIRE, *Chlorospiza chloris.*

Nom pop.: *Linotte bréande.*

C. — Niche dans le pays. Se mêle pendant l'hiver aux bandes de pinsons et autres.

36. MOINEAU DOMESTIQUE, *Passer domesticus.*

Noms pop.: *Passe, Pierrot.*

TC. — Sédentaire. Les jeunes se réunissent en grandes bandes aux mois d'août et septembre. Il fait beaucoup de dégâts dans les champs de blé, parfois même dans les greniers.

37. MOINEAU FRIQUET, *Passer montanus.*

Nom pop.: *Passe-buissonnière.*

TC. — Sédentaire. Se réunit l'hiver en bandes nombreuses et serrées.

38. PINSON ORDINAIRE, *Fringilla cælebs.*

Nom pop.: *Guinot.*

TC. — Sédentaire. On en voit dans les hivers rigoureux des bandes très-nombreuses.

39. PINSON D'ARDENNES, *Fringilla montifringilla.*

C. — Il arrive en grandes bandes aux premiers froids et disparaît quand la température devient plus douce.

40. CHARDONNERET ÉLÉGANT, *Carduelis elegans.*

C. — Niche dans tout le pays. Il voyage l'hiver par petites bandes de 7 ou 8 individus.

41. CHARDONNERET TARIN, *Carduelis spinus.*

C. — Lors de son passage qui a lieu à la fin de l'hiver; il va nicher dans les forêts du Nord.

42. Linotte ordinaire, *Cannabina linota.*

TC. — Niche dans le pays. On en voit, pendant l'hiver, des bandes nombreuses, qui se dispersent aux approches des beaux jours.

43. Sizerin boréal, *Linaria borealis.*

TR. — De passage très-accidentel à la fin de l'hiver.

44. Sizerin cabaret, *Linaria rufescens.*

Nom pop.: *Taquette.*

AR. — Paraît et disparaît avec les tarins et se mêle avec eux.

45. Bruant jaune, *Emberiza citrinella.*

Nom pop.: *Verdier.*

TC. — Sédentaire.

46. Bruant zizi, *Emberiza cirlus.*

AR. — Niche dans le pays. Voyage quelquefois en petites troupes.

47. Bruant fou, *Emberiza cia.*

TR. — Accidentellement.

48. Bruant ortolan, *Emberiza hortulana.*

AR. — De passage au printemps, très-irrégulièrement.

49. Bruant des roseaux, *Emberiza schæniculus.*

AC. — De passage au printemps et parfois en hiver.

50. Bruant proyer, *Emberiza miliaria.*

Nom pop.: *Moineau-de-pré.*

C. — Arrive au printemps et repart à l'approche de l'hiver.

51. Bruant de neige, *Emberiza nivalis.*

TR. — Rencontré une seule fois.

Famille VII. — MÉSANGES. — Paridæ.

52. Mésange charbonnière, *Parus major.*

TC. — De passage pendant l'hiver en compagnie des roitelets, mésanges bleues et quelquefois de mésanges noires; il en reste pendant le temps de la reproduction.

53. Mésange noire, *Parus ater*.

AC. — Seulement de passage pendant l'hiver.

54. Mésange bleue, *Parus cœruleus*.

AC. — De passage pendant l'hiver; beaucoup restent pour nicher.

55. Mésange huppée, *Parus cristatus*.

TR. — Accidentellement.

56. Mésange nonnette, *Parus palustris*.

AC. — Niche dans le pays, particulièrement le long des cours d'eau, bordés de saules.

57. Mésange a longue queue, *Parus caudatus*.

Nom pop.: *Queue-de-poële*.

AC. — De passage en hiver par petites bandes de 10 à 12. Niche également dans le pays.

58. Roitelet huppé, *Regulus cristatus*.

AC. — De passage en hiver; se rencontre particulièrement dans les lieux plantés de pins et de sapins.

59. Roitelet a moustaches, *Regulus ignicapillus*.

AC. — Comme le précédent, avec lequel on le trouve presque toujours.

Famille VIII. — CORBEAUX. — Corvidæ.

60. Corbeau corneille, *Corvus corone*.

Nom pop.: *Corbeau*.

TC. — Vient en bandes innombrables passer l'hiver dans nos plaines. Quelques paires nichent.

61. Corbeau mantelé, *Corvus cornix*.

Nom pop.: *Corneille grise*.

C. — L'hiver seulement : il se tient de préférence à proximité des routes. On en voit beaucoup moins que des autres espèces.

62. CORBEAU FREUX, *Corvus frugilegus.*

TC. — L'hiver, il se réunit en grandes bandes au *Corvus corone.* Il niche aussi parfois alors en grand nombre dans la même localité : on voit souvent plusieurs nids sur le même arbre. Il ne mange pas de voierie.

63. CORBEAU CHOUCAS, *Corvus monedula.*

Nom pop.: *Corneille des clochers.*

TC. — Reste toute l'année : il niche en grand nombre dans les clochers de la Cathédrale.

64. PIE ORDINAIRE, *Pica caudata.*

TC. — Toute l'année.

65. GEAI ORDINAIRE, *Garrulus glandarius.*

TC. — De passage à l'automne au moment des vendanges. Beaucoup nichent dans le pays, et les bois.

66. CASSE-NOIX VULGAIRE, *Nucifraga caryocatactes.*

TR. — De passage très-accidentel à l'automne.

FAMILLE IX. — ETOURNEAUX. — STURNIDÆ.

67. ETOURNEAU VULGAIRE, *Sturnus vulgaris.*

Nom pop.: *Sansonnet.*

TC. — Niche dans les colombiers et les églises, quelquefois dans les troncs d'arbres. L'hiver, il se répand en bandes très-nombreuses ; souvent mêlé aux corbeaux.

FAMILLE XI. — CHÉLIDONS. — HIRUNDINIDÆ.

68. HIRONDELLE DE CHEMINÉE, *Hirundo rustica.*

TC. — Elle arrive dans les premiers jours d'avril, du 12 au 15, et repart à la fin de septembre.

69. HIRONDELLE DE FENÊTRE, *Hirundo urbica.*

Nom pop.: *Cul-blanc.*

TC. — Elle arrive au commencement de mai et repart au commencement de septembre.

70. Hirondelle de rivage, *Hirundo riparia*.

TR. — De passage très-accidentel.

71. Martinet noir, *Cypselus apus*.

TC. — Arrive et repart en même temps que l'hirondelle de fenêtre. Niche en grand nombre dans les murs de la Cathédrale.

72. Engoulevent vulgaire, *Caprimulgus Europæus*.

Noms pop.: *Tette-chèvre, Crapaud-volant*.

AC. — Niche particulièrement dans les bois de bouleaux au milieu des bruyères. Il arrive de bonne heure au printemps et repart à la fin de septembre.

Famille XII. — GOBE-MOUCHES. — Muscicapidæ.

73. Gobe-mouche gris, *Muscicapa grisola*.

AC. — Arrive au printemps, repart à l'automne, après avoir niché.

74. Gobe-mouche noir, *Muscicapa atricapilla*.

AC. — Lors de ses deux passages de printemps et d'automne.

75. Gobe-mouche a collier, *Muscicapa albicollis*.

AR. — De passage accidentel.

Famille XIII. — PIES-GRIÈCHES. — Laniadæ.

76. Pie-grièche grise, *Lanius excubitor*.

Nom pop.: *Pie-maraîche*, comme les autres espèces.

AR. — Niche quelquefois dans les bois. Passe isolément ordinairement pendant l'hiver.

77. Pie-grièche d'Italie, *Lanius minor*.

AC. — Arrive au printemps et repart à l'automne.

78. Pie-grièche rousse, *Lanius rufus*.

AC. — Comme la précédente.

79. Pie-grièche écorcheur, *Lanius collurio*.

AC. — Comme la précédente.

Famille XIV. — ALOUETTES. — Alaudidæ.

80. Alouette des champs, *Alauda arvensis*.

Nom pop.: *Mauviette.*

TC. — Elle arrive dans les premiers jours d'octobre et se réunit en bandes nombreuses surtout dans les grands froids. On en prend d'immenses quantités. Niche en assez grand nombre.

81. Alouette cochevis, *Alauda cristata*.

Nom pop.: *Calandre.*

AC. — Reste toute l'année, surtout à proximité des routes.

82. Alouette lulu, *Alauda arborea*.

AC. — L'hiver seulement, dans les terrains les plus arides, par petites bandes de 15 à 20.

83. Alouette calandrelle, *Alauda brachydactyla*.

R. — Niche quelquefois dans les terrains arides; de passage irrégulier.

Famille XV. — MOTACILLES. — Motacillidæ.

84. Pipit rousseline, *Anthus campestris*.

R. — De passage accidentel.

85. Pipit des prés, *Anthus pratensis*.

AR. — Niche quelquefois. De passage au printemps.

86. Pipit des arbres, *Anthus arboreus*.

Nom pop.: *Bec-figue à pieds blancs.*

AR. — De passage au mois d'octobre, dans les champs en légumes et prairies. Quelques paires cependant nichent dans le pays.

87. Pipit spioncelle, *Anthus spinoletta*.

TR. — De passage en automne. Je n'ai jamais remarqué que des jeunes.

88. BERGERONNETTE GRISE, *Motacilla alba*.

Noms pop.: *Lavandière*, *Hoche-queue*, comme toutes les autres espèces.

TC. — En toute saison. Elle passe en automne réunie en petites bandes et fréquente les parcs des moutons.

89. BERGERONNETTE YARREL, *Motacilla Yarrellii*.

R. — De passage en automne, souvent en compagnie de la bergeronnette grise.

90. BERGERONNETTE BOARULE, *Motacilla boarula*.

TR. — Ne se rencontre guère qu'isolément et l'hiver, souvent dans les villes près des égouts.

91. BERGERONNETTE PRINTANIÈRE, *Motacilla flava*.

AC. — Arrive au printemps; niche dans les prairies.

92. BERGERONNETTE DE RAY, *Motacilla Rayi*.

TR. — Je ne l'ai jamais rencontrée qu'une fois au printemps; il y en avait quatre.

FAMILLE XVII. — LORIOTS. — ORIOLIDÆ.

93. LORIOT JAUNE, *Oriolus galbula*.

TC. — Arrive au mois de mai et repart à la fin d'août.

FAMILLE XVIII. — MERLES. — TURDIDÆ.

94. MERLE NOIR, *Turdus merula*.

TC. — Reste toute l'année : il en passe à l'automne quelques petites bandes composées de jeunes mâles. On en voit de tout blancs.

95. MERLE A PLASTRON, *Turdus torquatus*.

AC. — Lors de ses deux passages d'automne et de printemps.

96. MERLE GRIVE, *Turdus musicus*.

TC. — Lors de ses deux passages à l'automne et au printemps. Il niche dans le pays en assez grand nombre.

97. MERLE DRAINE, *Turdus viscivorus.*

Nom pop.: *Touret.*

C. — Toute l'année. Ne voyage pas en bandes comme les autres grives.

98. MERLE LITORNE, *Turdus pilaris.*

Nom pop.: *Claque.*

TC. — Arrive à la fin de l'automne et repart au printemps. On le voit dans les prairies humides en bandes très-nombreuses.

99. MERLE MAUVIS, *Turdus iliacus.*

AC. — Au printemps, souvent en compagnie des grives et des litornes. On en voit aussi quelquefois à l'automne. Ne niche pas.

100. TRAQUET MOTTEUX, *Saxicola œnanthe.*

Nom pop.: *Cul-blanc.*

AC. — Arrive au printemps des premiers. Il repart vers la mi-septembre.

101. TRAQUET TARIER, *Saxicola rubetra.*

Nom pop.: *Bec-figue aux pieds noirs.*

C. — Arrive et repart comme le précédent.

102. TRAQUET RUBICOLE, *Saxicola rubicola.*

C. — Surtout dans les pays couverts de landes; il en reste toute l'année.

103. RUBIETTE ROSSIGNOL, *Erithacus luscinia.*

C. — Arrive de bonne heure au printemps, repart à la fin de l'été.

104. RUBIETTE ROUGE-QUEUE, *Erithacus phœnicurus.*

Nom pop.: *Rossignol des murailles.*

AR. — Arrive de bonne heure au printemps par petites bandes de 6 au plus. Il en niche quelques paires.

105. RUBIETTE TITHYS, *Erithacus tithys.*

TR. — On ne les voit que très-rarement et toujours l'hiver dans les villes.

106. RUBIETTE ROUGE-GORGE, *Erithacus rubecula.*

TC. — Reste toute l'année. Les jeunes nous quittent après leur première mue.

107. Rubiette gorge-bleue, *Erithacus cyaneculus*.

TR. — Je n'ai jamais vu que des jeunes pendant le mois de septembre. Elle se tient en plaine dans les champs de pommes de terre, vesces, etc.

108. Accenteur Alpin, *Accentor Alpinus*.

TR. — J'ai observé trois fois seulement cet oiseau dans la ville de Chartres en décembre 1823, février 1837 et novembre 1856.

109. Accenteur mouchet, *Accentor modularis*.

Noms pop.: *Fauvette d'hiver* ou *Traîne-buisson*.

TC. — Reste toute l'année : se rapproche l'hiver des habitations.

110. Fauvette a tête noire, *Sylvia atricapilla*.

TC. — Arrive au premier printemps et repart de bonne heure à l'automne.

111. Fauvette des jardins, *Sylvia hortensis*.

Nom pop.: *Fauvette*.

TC. — Arrive et repart en même temps que la précédente.

112. Fauvette babillarde, *Sylvia curruca*.

AC. — Arrive au printemps et repart à l'automne.

113. Fauvette grisette, *Sylvia cinerea*.

C. — Arrive et repart comme la précédente.

114. Pouillot fitis, *Phyllopneuste trochilus*.

AC. — Arrive de très-bonne heure au printemps, souvent en compagnie des roitelets. Il en reste peu pour nicher : il repasse à la fin de septembre. On en voit souvent d'une taille sensiblement plus forte.

115. Pouillot véloce, *Phyllopneuste rufa*.

AR. — De passage en même temps que le précédent. Je ne l'ai jamais remarqué à l'automne.

116. Pouillot sylvicole, *Phyllopneuste sylvicola*.

TR. — Je ne l'ai jamais remarqué qu'une fois au mois d'avril.

117. HIPPOLAIS LUSCINIOLE, *Hippolais polyglotta*.

Nom pop.: *Fauvette à poitrine jaune*.

AC. — Arrive au printemps pour nicher, et repart à l'automne.

118. ROUSSEROLE TURDOÏDE, *Calamoherpe turdoides*.

AC. — Sur les bords du Loir, où elle niche dans les roseaux.

119. ROUSSEROLE EFFARVATTE, *Calamoherpe arundinacea*.

Nom pop.: *Tire-arrache*.

AC. — Même habitat que la précédente.

120. PHRAGMITE DES JONCS, *Calamodyta phragmitis*.

TR. — Mêmes lieux, mais bien plus rare.

121. TROGLODYTE D'EUROPE, *Troglodytes Europæus*.

Noms pop.: *Ratillon*, *Roitelet*.

TC. — Reste toute l'année.

FAMILLE XIX. — GRIMPEREAUX. — CERTHIADÆ.

122. SITTELLE TORCHE-POT, *Sitta Europæa*.

Nom pop.: *Maçon*.

AR. — En Beauce; plus commune dans quelques parties du Perche, où elle niche.

123. GRIMPEREAU FAMILIER, *Certhia familiaris*.

TC. — C'est un oiseau très-erratique. On le rencontre dans toutes les saisons.

124. — TICHODROME ÉCHELETTE, *Tichodroma muraria*.

TR. — Remarqué trois fois sur la Cathédrale de Chartres. En 1804, il y en avait deux qui sont restés tout l'été. Février 1825, pendant huit jours. Novembre 1856, et disparus dans les premiers jours de février 1857.

FAMILLE XX. — HUPPES. — UPUPIDÆ.

125. HUPPE VULGAIRE, *Upupa epops*.

Noms pop.: *Coq des bois*, *Puput*.

3

AC. — A ses passages de printemps et d'automne; niche rarement.

Famille XXI. — ROLLIERS. — Coraciadidæ.

126. Rollier commun, *Coracias garrula*.
TR. — Observé deux fois autour de Chartres.

Famille XXII. — GUÊPIERS. — Meropidæ.

127. Guépier vulgaire, *Merops apiaster*.
TR. — En 1785, cinq de ces oiseaux ont été tués dans les Grands-Prés : il n'en est pas revenu depuis.

Famille XXIII. — ALCYONS. — Alcedinidæ.

128. Martin-pêcheur vulgaire, *Alcedo ispida*.
Nom pop.: *Drapier*.
TC. — Le long de toutes les rivières et en toutes saisons.

TROISIÈME ORDRE.

PIGEONS. — COLUMBÆ.

Famille XXIV. — COLOMBIENS. — Columbidæ.

129. Colombe ramier, *Columba palumbus*.
TC. — Surtout depuis une dizaine d'années. Se réunit souvent pendant l'hiver en bandes de plusieurs centaines, et fait beaucoup de tort aux plants de colza, qu'il mange jusqu'à la racine.

130. Colombe colombin, *Columba œnas.*

TR. — De passage très-irrégulier principalement à la fin de l'automne.

131. Colombe biset, *Columba livia.*

Noms pop.: *Pigeon de fuie* ou *Pigeon biset.*

TC. — Passe à l'état sauvage. On voyait encore, il y a une vingtaine d'années, jusqu'à 1,000 à 1,500 de ces oiseaux dans un même colombier ; mais il n'existe presque plus de ces derniers.

132. Colombe tourterelle, *Columba turtur.*

TC. — Arrive au mois de mai pour nicher, et repart à la fin de septembre.

133. Hétéroclite Pallas, *Syrraptes Pallasii.*

TR. — Le 25 septembre 1863, M. Lemoine m'a donné un de ces oiseaux qui a été tué près de Fontenay-sur-Eure et exposé au marché de Chartres. Il habite les steppes de la Buxarie et les déserts de la Tartarie. Il en a été tué dans beaucoup de localités de la France et de la Belgique.

QUATRIÈME ORDRE.

GALLINACÉES. — GALLINÆ.

Famille XXVII. — FAISANS. — Phasianidæ.

134. Faisan vulgaire, *Phasianus Colchicus.*

R. — Ne se reproduit que rarement à l'état sauvage dans le pays.

Famille XXVIII. — PERDRIX. — Perdix.

135. Perdrix rouge, *Perdix rubra.*

AR. — Très-commune autrefois dans le Perche, y devient rare. Ne se trouve plus dans beaucoup de pays vignobles où on la rencontrait toujours. On en distingue trois variétés : la plus grosse appelée *Bartavelle* et la plus petite *Roquette rouge*.

136. Perdrix grise, *Perdix cinerea.*

TC. — Principalement dans la Beauce.

Elle a pour espèces ou variétés constantes :

137. Petite perdrix grise ou roquette, *Perdix damascena.*

R. — De passage irrégulier, en bandes souvent nombreuses, au mois d'octobre et surtout novembre, qui séjournent quelques jours. Elles sont très-farouches.

138. Perdrix de montagne, *Perdix montana.*

R. — Se trouve accidentellement en compagnie des perdrix grises.

139. Perdrix caille, *Perdix coturnix.*

TC. — Arrive au mois de mai. A cette époque, il s'en prend beaucoup au filet avec des appeaux : on les nomme alors *Cailles vertes*. Elles sont maigres et peu délicates ; lors de leur second passage en septembre elles sont grasses et excellentes. Elles disparaissent complètement à la mi-octobre.

CINQUIÈME ORDRE.

ÉCHASSIERS. — GRALLATORES.

Famille XXIX. — OUTARDES. — Otidæ.

140. Outarde barbue, *Otis tarda.*

TR. — De passage dans nos plaines, seulement dans les hivers les plus rigoureux. En janvier 1841, 7 de ces oiseaux ont été pris vivants près de Châteaudun ; ils avaient les pieds pris dans la glace et le plumage entièrement convert d'eau glacée.

141. Outarde canepetière, *Otis tetrax.*

AR. — De passage non périodique dans nos plaines en septembre et octobre. Elle se tient ordinairement de préférence dans les prairies artificielles.

142. Outarde de Maqueen, *Otis Maquenei.*

TR. — En décembre 1807, un mâle a été acheté chez un pâtissier. Il avait été abattu par un oiseau de proie. Il fait partie de ma collection.

Famille XXX. — PLUVIERS. — Charadridæ.

143. OEdicnème criard, *OEdicnemus crepitans.*

Nom pop.: *Courlis.*

AC. — Arrive dans nos plaines au printemps et en repart à l'automne après avoir niché. Il se tient dans les endroits les plus arides. Dans les campagnes, on appelle les plus mauvaises terres, terres à Courlis.

144. Pluvier doré, *Charadrius pluvialis.*

AC. — De passage assez régulier au printemps et à l'automne, parfois en très-grandes bandes.

145. Pluvier guignard, *Charadrius morinellus.*

AR. — De passage au printemps et à l'automne : rare aujourd'hui, il était autrefois commun et faisait la réputation des pâtés de Chartres.

146. Pluvier kebaudet, *Charadrius hiaticula.*

TR. — Se rencontre très-rarement autour des inondations dans les plaines.

147. Pluvier gravelotte, *Charadrius minor.*

TR. — Je ne l'ai vu qu'une seule fois au printemps.

148. Vanneau huppé, *Vanellus cristatus.*

Nom pop.: *Vannette.*

TC. — Des bandes, souvent très-nombreuses, passent au printemps et à l'automne, quelques individus nichent autour des étangs du Perche.

149. Vanneau Suisse, *Vanellus Helveticus.*

R. — Quelques individus se rencontrent mêlés aux bandes de

pluviers. Les chasseurs aux filets de pluviers dorés et de gui-
gnards le conservaient vivant pour leur servir d'appelant.

FAMILLE XXXI. — GRUES. — GRUIDÆ.

150. GRUE CENDRÉE, *Grus cinerea.*

TR. — Elles ne font que passer, souvent à de très-grandes
hauteurs. On les distingue à leur cri : une a été tuée à Bullain-
ville en octobre 1863.

FAMILLE XXXII. — HÉRONS. — ARDEIDÆ.

151. — HÉRON CENDRÉ, *Ardea cinerea.*

AC. — Autour des étangs et le long des cours d'eau, toujours
pendant l'hiver. Il ne niche pas dans le département.

152. HÉRON POURPRÉ, *Ardea purpurea.*

R. — Ne se rencontre que très-accidentellement.

153. HÉRON BUTOR, *Ardea stellaris.*

R. — Il niche probablement dans les marais avoisinant le
Loir. Ne se voit partout ailleurs que très-accidentellement.

154. HÉRON BLONGIOS, *Ardea minuta.*

TR. — Autour de Chartres. Niche probablement dans les
marais de l'arrondissement de Châteaudun.

155. HÉRON BIHOREAU, *Ardea nycticorax.*

TR. — Un jeune et un adulte ont été tués dans le département.

156. CICOGNE BLANCHE, *Ciconia alba.*

AR. — Passe à des époques indéterminées. Elle s'arrête quelque temps dans la même contrée, particulièrement au printemps.

157. CICOGNE NOIRE, *Ciconia nigra.*

TR. — Un adulte et un jeune ont été tués dans le département.

158. Spatule blanche, *Platalea leucorodia*.

TR. — Trois de ces oiseaux, à ma connaissance, ont été tués autour de Chartres à de longs intervalles.

Famille XXXIII. — IBIS. — Ibisidæ.

159. Ibis fascinelle, *Ibis fascinellus*.

TR. — Un de ces oiseaux a été tué entre Brou et Illiers.

Famille XXXIV. — BÉCASSES. — Scolopacidæ.

160. Courlis cendré, *Numenius arquata*.

Nom pop.: *Bécasse de mer*.

AR. — De passage, particulièrement à la suite de très-grands vents. Reste peu de temps pour prendre du repos.

161. Courlis corlieu, *Numenius phæopus*.

R. — Se voit moins souvent que le précédent, mais dans les mêmes circonstances.

162. Courlis a bec grêle, *Numenius tenuirostris*.

TR. — En 1833, on m'apporta un de ces oiseaux tué aux environs de Chartres; c'est le seul que j'aie jamais vu.

163. Barge commune, *Limosa ægocephala*.

TR. — Se rencontre rarement, toujours isolément et en plumage d'hiver.

164. Barge rousse, *Limosa rufa*.

TR. — Je ne l'ai vue qu'une fois dans le pays.

165. Chevalier aboyeur, *Totanus glottis*.

Nom pop.: *Chevalier aux pieds verts*.

TR. — De passage irrégulier.

166. Chevalier brun, *Totanus fuscus*.

TR. — Je ne connais que deux exemples de l'apparition de cet oiseau dans le pays.

167. CHEVALIER GAMBETTE, *Totanus calidris*.

Nom pop.: *Chevalier aux pieds rouges*.

AC. — Lors de son passage au printemps, notamment en plaine, autour des inondations causées par des pluies abondantes.

168. CHEVALIER CUL-BLANC, *Totanus ochropus*.

AC. — Il passe au printemps et à l'automne. On le voit quelquefois l'hiver pendant les fortes gelées autour des eaux de fontaine.

169. CHEVALIER GUIGNETTE, *Totanus hypoleucos*.

Nom pop.: *Cul-blanc*.

AC. — De passage surtout au mois de mai ; on en revoit quelques-uns au mois de juillet, août et septembre.

170. COMBATTANT ORDINAIRE, *Machetes pugnax*.

R. — Se voit toujours au printemps en plumage d'hiver, quelquefois mêlé aux bandes de pluviers dorés.

171. BÉCASSE MAJOR, *Scolopax major*.

TR. — Les chasseurs du Perche la reconnaissent à ce qu'elle s'envole sans jeter de cri et s'éloigne sans faire de crochets.

172. BÉCASSE BÉCASSINE, *Scolopax gallinago*.

AC. — De passage régulier dans quelques parties du département. Je ne pense pas qu'elle y niche.

173. BÉCASSE SOURDE, *Scolopax gallinula*.

Nom pop.: *Bécot*.

AC. — Se voit fréquemment dans les marais et sur les bords des étangs dans les roseaux.

174. BÉCASSE ORDINAIRE, *Scolopax rusticola*.

AC. — Elle passe au printemps et particulièrement à l'automne. A cette époque, il en reste quelques-unes dans nos bosquets en plaine. On en voit deux races bien distinctes : les plus grosses arrivent les premières et restent plus longtemps ; elles disparaissent toutes aux premières gelées. Il en niche très-accidentellement dans les grands bois du département.

175. Bécasseau cocorli, *Tringa subarquata.*

TR. — Deux mâles et une femelle en plumage d'été ont été tués autour de Chartres pendant le mois de mai.

176. Bécasseau cincle, *Tringa cinclus.*

TR. — De passage très-accidentel.

177. Bécasseau maubèche, *Tringa cinerea.*

TR. — Je ne connais qu'un exemple de leur apparition dans le département.

178. — Bécasseau violet, *Tringa maritima.*

TR. — Je n'ai jamais vu qu'un seul individu tué près Chartres.

Famille XXXV. — PHALAROPES. — Phalaropidæ.

179. Palarope cendré, *Phalaropus cinereus.*

TR. — N'apparaît que de loin en loin à des époques indéterminées et isolément, toujours en plumage de jeune.

180. Echasse ordinaire, *Himantopus melanopterus.*

TR. — Deux de ces oiseaux ont été tués auprès de Brou.

Famille XXXVI.

RECURVIROSTRES. — Recurvirostridæ.

181. Recurvirostre avocette, *Recurvirostra avocetta.*

TR. — Je n'en connais qu'une apparition. C'est un jeune qui figure dans ma collection.

Famille XXXVIII. — RALES. — Rallidæ.

182. Rale d'eau, *Rallus aquaticus.*

AC. — Dans les marais de l'arrondissement de Châteaudun. Il niche en petit nombre.

183. RALE DE GENÊT, *Rallus crex*.

Nom pop.: *Roi des Cailles*.

AC. — De passage au mois de septembre en même temps que les cailles. Niche parfois dans les prairies artificielles.

184. RALE MAROUETTE, *Rallus porzana*.

Nom pop.: *Tue-chien*.

AC. — Dans les roseaux qui avoisinent les étangs du Perche. Accidentellement dans la Beauce.

185. RALE POUSSIN, *Rallus pusillus*.

TR. — S'égare très-accidentellement dans le pays.

186. POULE D'EAU ORDINAIRE, *Gallinula chloropus*.

TC. — Dans tout le département où elle niche : elle disparaît pendant les gelées.

187. FOULQUE MACROULE, *Fulica atra*.

Noms pop.: *Judelle* ou *Baioche*.

C. — Dans les étangs du Perche où elle niche. Celles qui s'égarent dans nos plaines se laissent facilement prendre à la main.

SIXIÈME ORDRE.

PALMIPÈDES. — NATATORES.

FAMILLE XXXIX. — MOUETTES. — LARIDÆ.

188. STERCORAIRE POMARIN, *Stercorarius pomarinus*.

TR. — S'est trouvé entraîné deux fois dans nos plaines à la suite de très-grands vents. Un adulte, qui fait partie de ma collection, a été pris se battant avec un faucon : ce dernier a été tué en même temps.

189. STERCORAIRE DES ROCHERS, *Stercorarius cepphus*.

TR. — On m'en a apporté une demi-douzaine, presque tous trouvés morts de faim à la suite de grands vents. Je n'ai jamais reçu que des jeunes.

190. Goéland marin, *Larus marinus.*

TR. — Deux ou trois jeunes m'ont été apportés à la suite de
mauvais temps.

191. Goéland argenté, *Larus argentatus.*

R. — Je n'ai jamais vu que des jeunes appelés vulgairement
Grisards.

192. Goéland cendré, *Larus canus.*

TR. — Observé une seule fois en janvier 1865.

193. Goéland brun, *Larus fuscus.*

TR. — Trouvé dans les mêmes circonstances que les précé-
dents.

194. Goéland tridactyle, *Larus tridactylus.*

AC. — S'égare très-communément dans nos plaines à la suite
de tempêtes ; ils se voient parfois en grand nombre ; beaucoup
sont trouvés morts. Le plumage d'hiver est celui qui se rencontre le plus souvent : je n'en ai jamais eu qu'un en plumage
de noces.

195. Goéland rieur, *Larus ridibundus.*

TR. — Rarement trouvé dans le département.

196. Goéland de Sabine, *Larus Sabinii.*

TR. — Un jeune de l'année a été tué près de Courville en
octobre 1846. Il fait partie de ma collection.

197. Sterne épouvantail, *Sterna fissipes.*

TR. — Très-rarement observé dans le département.

198. Sterne moustac, *Sterna hybrida.*

TR. — Observé deux fois.

Famille XI. — PROCELLAIRES. — Procellaridæ.

199. Thalassidrome de Leach, *Thalassidroma Leachii.*

TR. — J'ai connaissance de la capture de deux de ces oiseaux
à la suite de très-grands vents.

FAMILLE XLI. — PÉLICANS. — PELECANIDÆ.

200. CORMORAN ORDINAIRE, *Phalacrocorax carbo.*

AC. — Il se passe peu d'années sans que l'on m'apporte quelqu'un de ces oiseaux, qui paraissent à des époques tout-à-fait indéterminées.

FAMILLE XLII. — CANARDS. — ANATIDÆ.

201. OIE CENDRÉE, *Anser ferus.*

TR. — Dans le département. Elle y est du reste confondue avec la suivante.

202. OIE VULGAIRE, *Anser sylvestris.*

TR. — De passage à l'automne, se dirigeant vers le midi : elle repart au printemps vers le nord pour la reproduction. Elle ne s'arrête dans nos plaines que pendant les plus grands froids.

203. OIE RIEUSE, *Anser albifrons.*

R. — Se rencontre un peu plus souvent que les deux précédentes.

204. OIE BERNACHE, *Anser erythropus.*

Nom pop.: *Nonette.*

TR. — De passage très-accidentel.

205. OIE CRAVANT, *Anser bernicla.*

TR. — Comme la précédente.

206. OIE ÉGYPTIENNE, *Anser Ægyptiacus.*

TR. — En 1815, un de ces oiseaux a été tué aux environs d'Illiers. Il fait partie de ma collection.

207. CYGNE SAUVAGE, *Cygnus ferus.*

TR. — Ne se rencontre accidentellement que pendant les plus grands froids. On en voit des jeunes et des adultes.

208. Cygne tuberculé, *Cygnus olor.*

TR. — La plupart de ceux qui sont tués proviennent probablement de quelque pièce d'eau.

209. Canard tadorne, *Anas tadorna.*

TR. — Je n'ai jamais vu qu'une jeune femelle tuée aux environs de Chartres.

210. Canard souchet, *Anas clypeata.*

Nom pop.: *Rouget.*

AR. — Se rencontre quelquefois principalement au printemps.

211. Canard sauvage, *Anas boschas.*

TC. — Dans le département et niche dans plusieurs localités.

212. Canard pilet, *Anas acuta.*

Nom pop.: *Molleton.*

AC. — A son passage au printemps.

213. Canard ridenne, *Anas strepera.*

TR. — De passage très-irrégulièrement au mois de mars.

214. Canard siffleur, *Anas penelope.*

AC. — A son passage au printemps.

215. Canard sarcelle, *Anas querquedula.*

AR. — Je ne l'ai jamais rencontré qu'au mois de mars.

216. Canard sarcelline, *Anas crecca.*

AC. — Bien plus répandue que la précédente.

217. Fuligule garrot, *Fuligula clangula.*

TR. — Ne se rencontre que pendant les grands froids, et seulement des jeunes.

218. Fuligule milouinan, *Fuligula marila.*

TR. — Se rencontre rarement et à des époques indéterminées.

219. Fuligule milouin, *Fuligula ferina.*

R. — Un peu plus commun cependant que le précédent.

220. Fuligule morillon, *Fuligula cristata.*

TR. — Se rencontre très-rarement.

221. Fuligule nyroca, *Fuligula nyroca.*

TR. — Je ne l'ai vu que deux fois sur nos marchés.

222. Fuligule macreuse, *Fuligula nigra.*

TR. — Un seul de ces oiseaux, à ma connaissance, a été tué près Chartres.

223. Harle bièvre, *Mergus merganser.*

AR. — Ne se rencontre qu'à des époques très-éloignées : en janvier et février 1838, j'en ai reçu au moins une trentaine, tant tués que trouvés morts.

224. Harle huppé, *Mergus serrator.*

TR. — Deux de ces oiseaux ont été tués dans le département.

225. Harle piette, *Mergus albellus.*

TR. — Je n'en ai observé que deux individus.

FAMILLE XLIII. — PLONGEONS. — COLYMBIDÆ.

226. Plongeon imbrim, *Colymbus glacialis.*

TR. — Je l'ai reçu deux ou trois fois en plumage de jeune.

227. Plongeon cat-marin, *Colymbus septentrionalis.*

TR. — Un de ces oiseaux m'a été apporté vivant le 1er décembre 1859.

FAMILLE XLIV. — GRÈBES. — PODICEPIDÆ.

228. Grèbe huppé, *Podiceps cristatus.*

AR. — Une fois que ces oiseaux sont à terre, ils ne peuvent plus reprendre leur vol : aussi s'en empare-t-on facilement. C'est ainsi que plusieurs, pris dans nos plaines, m'ont été apportés vivants.

229. Grèbe jougris, *Podiceps rubricollis.*

TR. — Un individu que m'a donné M. Letartre a été tué à Tachainville, le 10 février 1865.

Il paraît être le *Podiceps holbolli*, que Degland et Gerbe donnent comme variété locale du *Podiceps grisegena*. (Degland et Gerbe, 1867.) *Ornithologie Européenne*, t. II, p. 581.

230. Grèbe esclavon, *Podiceps cornutus*.

TR. — Ne se montre que très-accidentellement et en plumage d'hiver.

231. Grèbe castagneux, *Podiceps minor*.

Nom pop.: *Plongeon*.

TC. — Sur toutes nos eaux. Niche dans beaucoup de localités.

TROISIEME PARTIE

REPTILES.

La classe des Reptiles n'a qu'un petit nombre de représentants dans le département, qui tous se retrouvent dans la région voisine et n'offrent pas de particularités notables : elle suit la loi commune du climat séquanien et du sol Perche et Beauce, peuplant de sujets plus ou moins nombreux les lieux plus ou moins favorables à l'espèce, sans que de la concentration ou de la dispersion accidentelles, non plus que de l'indication propre des localités, il sorte rien de caractéristique.

Ce qu'on pourrait peut-être dire de plus remarquable de ces individus, en général ennemis de l'homme, serait leur rareté relative dans nos bois et nos plaines, trop éclaircis et nivelés par la culture pour donner des abris à la conservation et la reproduction.

Dans l'ordre des Serpents, la Couleuvre à collier est seule très-commune ; les autres Tropinodotes se montrent plus rarement ; la Péliade petite vipère ne se trouve guère que dans les grands bois secs ; l'Aspic, plus commun, se réfugie dans les bosquets pierreux de la plaine.

Parmi les Lézards, le Vert et l'Ocellé habitent, avec l'Orvet, les lieux boisés et les clairières arides ; le Lézard de murailles n'a d'autres abris que les vieux murs dont il prend sa désignation, les carrières et rochers lui manquant presque partout. En somme, ces familles, auxquelles conviennent surtout, avec un climat chaud, des terrains pierreux et des bois solitaires, ne rencontrent pas chez nous leurs conditions de concentration vitale.

4

Les Batraciens, moins exigeants, y sont aussi plus abondants ; les lieux humides pullulent partout des genres Grenouille et Crapaud ; les Salamandres et Tritons, en plus petit nombre, terminent la série des Reptiles Pertico-beaucerons.

IIe Ordre. — LES SAURIENS [1].

VIe Famille. — LES LACERTIENS.

13. Lézard vert, *Lacerta viridis.*

C. — Bois peu élevés, terrains secs et berges crayeuses des principales vallées.

Lézard ocellé, *Lacerta ocellata.*

AR. — Clairières arides et terrains secs.

Lézard des murailles, *Lacerta muralis.*

CC. — Partout sur les vieux murs et les démolitions.

XIIIe Famille. — LES SCINCOIDIENS.

23. Orvet fragile, *Anguis fragilis.*

TC. — Presque toutes les localités boisées.

IIIe Ordre. — LES OPHIDIENS.

Deuxième sous-ordre. — LES COLUBRIFORMES.

XIe Famille. — LES SYNCRATHÉRIENS.

2. Tropidonote a collier, *Tropidonotus natrix.*
Nom pop.: *Couleuvre à collier.*
TC. — Dans toutes localités.

[1] Classification Duméril et Bibron (Erpétologie générale).

Tropidonote vipérin, *Tropidonotus viperinus.*

C. -- Plus rare que le précédent, et d'ailleurs habitant un peu partout.

Tropidonote commun, *Tropidonotus viridi-flavus.*

C. — Lieux humides et prairies en général.

3. Coronelle lisse, *Coronella lœvis.*

AR. — Localités boisées.

Cinquième sous-ordre. — LES VIPÉRIFORMES.

TRIBU 1re. — LES VIPÉRIENS.

2. Péliade petite-vipère, *Pelias berus.*

R. — Se rencontre assez rarement dans les grands bois secs du pays. Il paraît assez abondant sur les côtes de Fontaine-la-Guyon et Saint-Aubin, dans la forêt de Bailleau.

3. Vipère commune ou Aspic, *Vipera aspis vel prœster.*

C. — Bois secs et pierreux de la Beauce et quelques sables arides du Perche.

IVe Ordre. — LES BATRACIENS.

Deuxième sous-ordre. — LES ANOURES.

Ire Famille. — LES RANIFORMES.

3. Grenouille verte, *Rana viridis.*

TC. — Dans toutes les mares et les marais.

Grenouille rousse, *Rana temporaria.*

C. — Moins commune que la précédente. Ne va à l'eau que pour la reproduction.

IIᵉ Famille. — LES HYLÆFORMES.

9. Rainette commune, *Hyla viridis*.

C. — Vit sur les arbres dans les bois humides.

IIIᵉ Famille. — LES BUFONIFORMES.

4. Crapaud commun, *Bufo vulgaris*.

TC. — Tous les lieux humides.

Crapaud vert, *Bufo viridis*.

TC. — Comme le précédent.

Troisième sous-ordre. — LES URODÈLES.

Iʳᵉ Famille. — LES SALAMANDRIDES.

1. Salamandre terrestre, *Salamandra maculosa*.

R. — Habite les bois montueux, et se rencontre assez rarement dans ceux de la contrée.

13. Triton a crête, *Triton cristatus*.

C. — En général dans les localités humides.

Triton ponctué, *Triton punctatus*.

C. — Dans les lieux humides.

Triton abdominal (femelle) ou palmipède (mâle). *Triton abdominalis, Triton palmipes*.

AC. — En général dans les endroits humides.

QUATRIÈME PARTIE

POISSONS.

Ier Ordre.

LES MALACOPTÉRYGIENS ABDOMINAUX [1].

Ire Famille. — LES CYPRINOIDES.

5. Carpe commune, *Cyprinus carpio*.

AR. — Dans les eaux de l'Eure où elle pourrait être cultivée abondamment; plus commune dans le Loir; elle est la principale culture des étangs. Ce poisson, comme tous ceux de nos rivières, est sédentaire; il aime les eaux tranquilles, profondes et vaseuses.

Barbeau, *Cyprinus barbus*.

AC. — Dans les eaux de l'Eure et du Loir. Il se plaît dans les eaux profondes et froides, qu'il quitte, vers le mois de juin, pour aller frayer sur les pierres ou le sable en aval des moulins.

Goujon, *Cyprinus gobio*.

TC. — Partout, et principalement dans les eaux courantes et fraîches.

---

[1] Classification Cuvier. (Règne animal.)

Tanche, *Cyprinus tinca.*

R. — Dans l'Eure et ses affluents, où, comme la Carpe, on
. pourrait abondamment la cultiver. Aime les eaux dormantes à
fond vaseux.

Brême, *Cyprinus brama.*

On la rencontre naturellement dans l'Eure entre Dreux et No-
gent-le-Roi. Elle y est maintenant acclimatée jusqu'à Maintenon.
Genre en somme assez rare dans le département, où il serait
facile de l'acclimater. La Brême affectionne les eaux profondes
et froides, qu'elle quitte en juin pour aller frayer dans les cou-
rants, sur l'herbe ou sur les pierres.

6. Vendoise, *Lencisens vulgaris.*

Nom pop. : *Dard.*

TC. — Se plaisant dans les rapides à fond pierreux.

Gardon, *Lencisens rutilus.*

TC. — Recherche les eaux un peu profondes à fond vaseux
et courant faible.

Chevanne, *Lencisens dobula.*

Noms pop. : *Meunier, Chaverne.*

AC. — Il aime les endroits profonds, froids, agités et à fond
pierreux. On le rencontre fréquemment en aval des moulins.

Véron, *Lencisens proximus.*

Petit poisson très-commun surtout dans les eaux un peu profondes, froides, à courant rapide et à fonds pierreux.

Ablette, *Lencisens cyprinus.*

TC. — Se plaît à la surface des eaux profondes et peu courantes.

8. Loche, *Cobitis tænia.*

AC. — Généralement dans les affluents peu profonds et à température basse.

VIIe Famille. — LES LUCIOIDES.

1. Brochet, *Esox lucius.*

Généralement commun, préfère les eaux peu courantes, profondes ou de moyenne profondeur, froides. Vers le mois de

mars, il franchit quelquefois des vannages de déversoir, pour
aller à la recherche des eaux de fontaine dans lesquelles il dé-
pose son frai.

VIIIe FAMILLE. — LES SALMONES.

TRUITE COMMUNE, *Salmo fario.*

Se rencontre assez communément dans la Blaise et l'Avre,
affluents de l'Eure, l'Aigre et le Loir, tantôt blanche, tantôt
saumonée. On trouve encore la truite blanche dans l'Huisne et
quelques-uns de ses affluents. Ce poisson est acclimaté dans les
eaux de Maintenon et de Jouy depuis quelques années : il cher-
che les eaux froides, vives et à fond pierreux et se déplace
facilement.

IIIe ORDRE. — LES ACANTHOPTÉRYGIENS.

IXe FAMILLE. — LES PERCOIDES.

7. PERCHE, *Perca fluviatilis.*
C. — Aime les rivières profondes, tranquilles, froides et à
fond vaseux.

XIe FAMILLE. — LES ZONES CUIRASSÉES.

2. CHABOT, *Cottus gobio.*
AC. — Partout.

3. ÉPINOCHE, *Gasterosteus trachurus.*
Nom pop. : *Savetier.*
Ce petit poisson se rencontre communément dans toutes les
eaux.

Ve Ordre. — LES MALACOPTÉRYGIENS APODES.

XXe Famille. — LES ANGUILLIFORMES.

Anguille, *Anguilla marœna*.

AC. — Sa teinte varie suivant qu'elle habite des eaux courantes ou stagnantes, des fonds vaseux ou pierreux.

VIe Ordre. — LES CYCLOSTOMES.

Ire Famille. — LES LAMPROIES.

2. Petite Lamproie, *Petromyron Planeri*.

Noms pop. : *Saut, Chatouille*.

AC. — Dans les eaux rapides et peu profondes en aval des moulins.

A part les ruisseaux d'eaux vives qui descendent du côté du Perche à la vallée de l'Huisne, dans l'arrondissement de Nogent-le-Rotrou, les rivières d'Eure-et-Loir sont généralement des eaux tranquilles barrées par des retenues d'usines, elles forment une succession de biefs accidentés de chutes et de rapides où les principales espèces trouveraient des conditions assez favorables de multiplication si elles n'avaient à se défendre contre d'incessants moyens de destruction tenant aux circonstances mêmes du régime des eaux.

L'emploi des chutes comme force motrice veut de fréquents curages et des faucardements d'herbes qui détruisent les abris et emportent les frayères, en même temps que la mise à sec des biefs laisse le poisson en prise facile; aussi nos eaux sont-elles assez peu riches d'espèces et de sujets.

L'Eure en particulier peut passer pour pauvre, l'encaissement naturel des berges, l'entretien soigneux du lit, la faible profondeur du cours s'ajoutent aux causes ordinaires pour amoindrir la population indigène et tendent à paralyser aussi de récents essais de repeuplement et d'acclimatation.

Les principaux affluents l'Avre, et la Blaise, sont mieux partagés : la Truite commune, blanche ou saumonée s'y trouve encore assez communément, entretenue par des eaux vives et protégée par des branches et canaux de refuge accessoirement au lit.

L'Huisne, avec ses nombreux ruisseaux à cours rapide, a quelque ressemblance avec un cours d'eau de montagnes et par suite en renferme les espèces propres : la Truite et l'Ecrevisse notamment y persistent, malgré une pêche active qui ne leur laisse guère le temps de grossir.

Le Loir tient de l'une et de l'autre rivière, Eure et Huisne : formé aussi de ruisseaux rapides dans sa partie supérieure, il en reçoit et garde quelques espèces d'eaux vives, auxquelles se joignent des sujets d'eaux tranquilles. La Truite et la Carpe du Loir jouissent d'une juste réputation.

Son tributaire inférieur, l'Aigre, bien que sorti de la plaine vers le grand étang de Verdes aujourd'hui desséché, conserve jusqu'au confluent des eaux froides et aussi des sujets semblables à ceux du versant Percheron.

La statistique spéciale du département se résume à ces deux faits principaux : 1° rivières en général peu poissonneuses : 2° espèces qu'on trouve partout ailleurs, toutes circonstances gardées d'eaux et de région.

Des essais sérieux de peuplements et d'acclimatation ont été faits dans ces dernières années, d'abord à Maintenon depuis 1855, et successivement sur diverses parties du cours de l'Eure et d'autres, soit avec les œufs fécondés d'espèces exotiques, grande Truite des lacs, Saumon du Rhin, Ombre chevalier, distribués par l'établissement de Huningue et soumis aux procédés d'incubation artificielle, soit au moyen de frayères naturelles et de fécondation directe pour les espèces indigènes, Truite commune et saumonée, Carpe, Perche et autres. On peut regarder aujourd'hui comme démontré le peuplement prompt et facile de la plupart de nos eaux courantes en espèces communes et en plusieurs sédentaires du genre Truite, et comme douteuse l'acclimatation du Saumon voyageur et des grandes espèces qui s'y rattachent.

Il y a certainement quelque chose à faire pour mieux utiliser dans le département, les cours et pièces d'eau, cette importante partie du domaine public et privé : l'expérience a justifié le principe et indiqué le moyen ; reste à suivre l'application.

Le Catalogue des Poissons est rédigé par M. le docteur Lamy, à qui la Pisciculture doit d'ailleurs d'utiles enseignements et l'école pratique de Maintenon.

CINQUIÈME PARTIE

CRUSTACÉS.

Iᵉʳ Ordre. — LES DÉCAPODES.

Iʳᵉ Famille. — LES MACROURES.

Ecrevisse, *Carabis astacus.*

Ce crustacé est généralement commun dans les eaux vives du département et notamment dans les petites rivières du Perche où on le pêche en abondance sans lui laisser le temps de grossir.

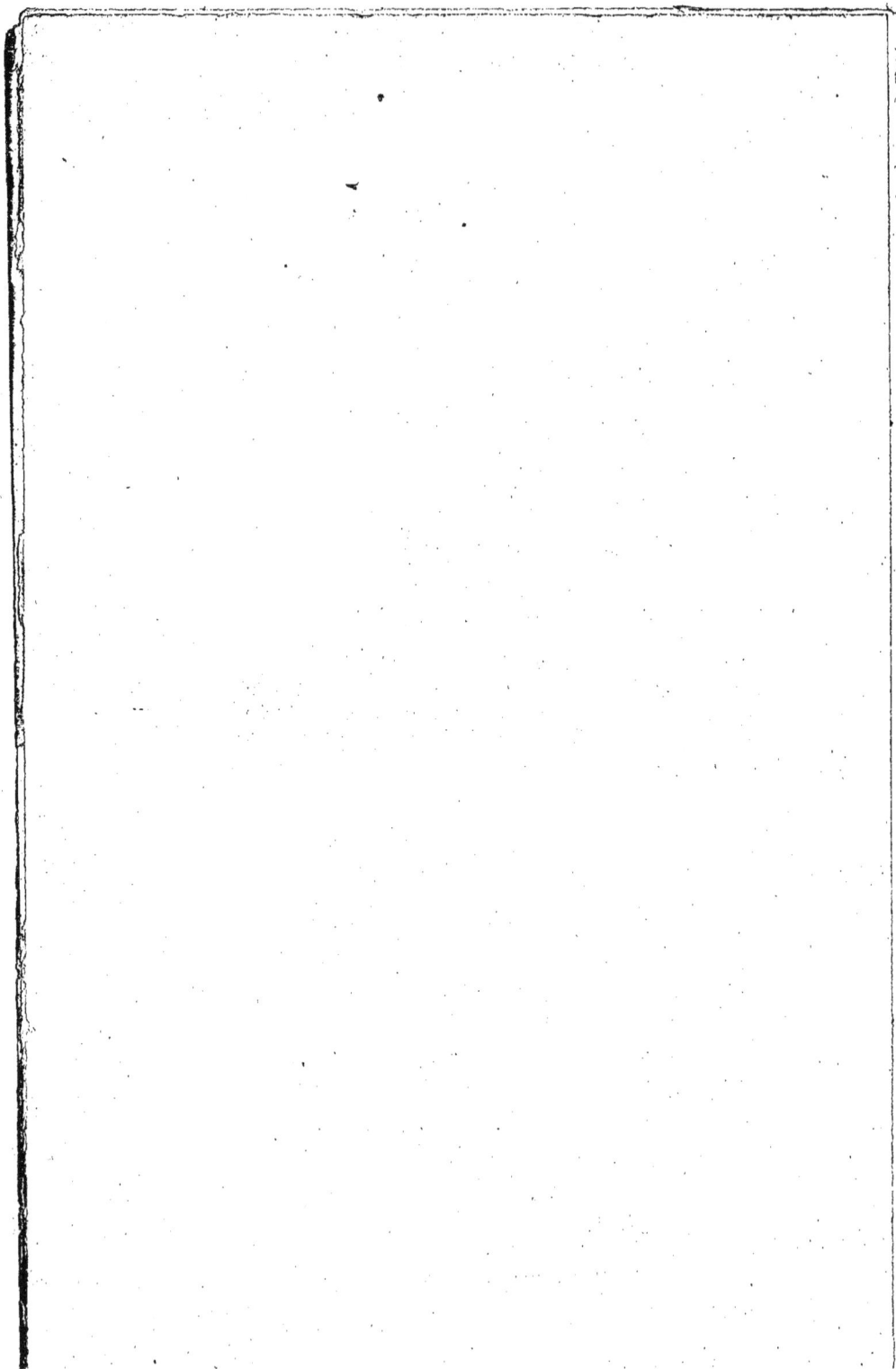

ZOOTECHNIE.

————

Dans chaque pays l'économie rurale produit et entretient des animaux domestiques dont le type d'origine modifié, chez certains, par des causes naturelles ou artificielles, est devenu, avec le temps, variété de l'espèce et constitue héréditairement la race locale.

Eure-et-Loir, essentiellement agricole et notablement producteur, possède deux races assez nettement régionales pour se les attribuer en propre, l'une aborigène ou tout au moins indigène, *le cheval-percheron*, l'autre améliorée par le croisement *le mouton-métis-mérinos-beauceron.*

Les conditions du sol conviennent particulièrement aux deux espèces qui sont prédominantes et occupent le terrain et l'industrie agricole presque sans partage avec les autres. Le Perche argileux, humide, froid et coupé de haies, convient à la production du cheval par des herbages frais, gras, clos, et une nourriture appropriée au jeune sujet; la Beauce calcaire, sèche, découverte, assure un libre parcours, un pacage suffisant, et une ample provision des fourrages substantiels dont s'accommodent les habitudes du mouton. Aussi chaque représentant cantonné sur la zône propre à la constitution physique de l'élève, l'éleveur, laissant faire la nature, s'attache seulement, par le choix du reproducteur, à améliorer le produit.

C'est ainsi, soit par circonstance naturelle, soit par perfectionnement industriel, que nous trouvons aujourd'hui l'espèce chevaline en possession à peu-près exclusive de la région d'élevage de l'Ouest, et l'espèce ovine, de la plaine de l'Est, l'une et l'autre sous des formes et avec des caractères déterminés qui leur attribuent le type distinctif de race.

Formé d'un principal morceau de Beauce et d'une portion complémentaire de Perche, le département participe nécessairement de l'état et de la production des deux contrées, sans prétendre d'ailleurs à une possession exclusive, qu'une délimitation conventionnelle ne comporte pas et qu'aucune raison de lieux ne saurait, en outre, justifier. La zône zootechnique passe naturellement au-delà des limites de territoires nouveaux ; il suffit du moins, pour la comprendre dans la description du nôtre, qu'elle y ait laissé son empreinte.

CHEVAL PERCHERON.

Comment le type Percheron, à travers les mélanges et les âges, est-il venu jusqu'à nous avec les caractères assez constants de sa race ? Est-ce l'influence du climat, du sol, du lieu, ou bien du genre de travail spécial auquel il a été assujetti, et, par suite, de la reproduction appropriée d'une série de générations, ou encore et tout simplement la routine et l'usage ? La question d'origine se perd dans le vague des hypothèses, comme la souche première dans l'obscurité de la succession des races, et d'ailleurs, c'est ici seulement une esquisse locale et non la discussion d'un système hippique.

Trop vanté par les uns, trop abaissé par les autres, assez obscur dans ses origines, à prendre le Percheron tel qu'il est, avec sa forme et ses qualités propres, cheval de trait et de trot par essence de force et de vitesse à la fois, commun sans être lourd, cheval de poste, en un mot, il représente le travail utile, et s'il traîne moins aujourd'hui de postes et de diligences sur nos routes, il trouve dans tant d'autres services son emploi nécessaire que le type méritera toujours d'être soigneusement conservé.

Ce type existe, quoiqu'on en ait pu dire : il a, avec sa raison d'être, sa loi certaine de forme et de fond ; il se rapproche à la fois des types boulonnais et breton qui tiennent le haut et le bas des chevaux communs étoffés. Il aurait même pour point de départ, suivant quelques hippologues [1], la rencontre un peu

[1] Moll et Eug. Gayot. *Encyclopédie pratique d'agriculture.*

fortuite des deux races sur un terrain favorable et pour effet de développement le mode d'élevage tout spécial joint aux influences naturelles de la localité.

Il se distingue du boulonnais par une épaule plus longue, un garrot plus sorti, une encolure moins courte, un ventre moins gros, toutes conditions favorables à la progression de l'espèce.

Plus rapproché du breton et analogue par plusieurs points de ressemblance, le cheval tout-à-fait percheron a plus de taille, la tête moins chargée de ganache, et mieux attachée, l'encolure et les jambes moins fournies de crins, le garrot mieux sorti, l'épaule plus plate, la croupe moins courte, et au total il a plus de distinction.

On distingue dans la contrée, dit textuellement l'Encyclopédie Moll et Gayot, le grand et le petit percheron : au fond c'est bien le même cheval; la différence est tout entière dans la forme du développement qui entraîne pourtant une différence dans les aptitudes. Ceci nous donne un percheron de trait au pas, et un percheron léger, trotteur assez facile.

Ce dernier, appelé petit Percheron, est de taille moyenne et léger d'allures. Il est apte à la selle et au trot rapide. L'autre est plus haut, plus corpulent, plus massif et membru; il rappelle le cheval picard, mais avec moins de commun et plus de véritable énergie : son aptitude se limite généralement au trait, et sa constitution puissante le rend éminemment propre au limon. Le plus souvent il apparaît loin de terre dans sa haute stature, avec la tête longue et osseuse, parfois tombée au chanfrein : les oreilles sont longues, écartées; la ganache est grosse, empâtée; l'encolure le plus ordinairement assez fournie, courte et droite, le garrot gros, le dos et les reins un peu larges, la croupe quelquefois un peu droite, mais le plus fréquemment oblique; les hanches fortes et saillantes, les épaules charnues, droites et courtes; les fesses peu musculeuses; les membres longs dans leurs régions supérieures, et garnis de crins abondants et grossiers, les articulations mal dessinées, empâtées; les tendons peu volumineux et souvent saillis sous les genoux; les sabots larges, évasés, presque plats et à talon bas. Quoique fauchant généralement du membre antérieur, le gros percheron marche mieux qu'on ne le jugerait de prime abord; il convient particulièrement au gros roulage qui en composait jadis ses gros attelages et se borne aujourd'hui à l'atteler seul en lui faisant traîner jusqu'à 1,000 kilogrammes de charge utile.

Le Percheron léger, celui qui courait la poste et traînait la diligence, est un cheval de 1ᵐ 52 à 1ᵐ 60 et plus : il est alors un peu haut sur jambes. Vue par devant, la tête paraît assez carrée ; examinée de profil, elle se présente plutôt longue, étroite et plate. L'œil est petit, enchassé sous une grosse arcade ; l'oreille un peu effilée et presque toujours négligée dans sa pose ; l'encolure droite, courte, mince, la saillie du garrot généralement assez sentie ; l'épaule quoique forte, droite et courte, se montre pourtant assez plate ; à sa naissance l'avant-bras manque un peu de force. La région du rein est large et bien soutenue, accusant beaucoup de puissance ; la croupe suffisamment fournie, parfois un peu élevée et dominant le garrot, d'autrefois avalée et, dans ce cas, la queue mal attachée. La fesse musculeuse n'est pas assez descendue, la cuisse, au contraire, est un peu longue et mince ; les membres sont osseux, mais un peu court-joints. Le pied est toujours bon et le corps ordinairement bien fait et de forme arrondie chez les sujets d'élite. Cependant la poitrine n'a pas toute l'ampleur désirable ; elle n'offre pas ces grandes dimensions qui rendent si puissant le trotteur anglais du Norfolk, le cheval dont la structure et l'aptitude rappellent le plus la race percheronne. Quoiqu'il en en soit, ces formes annoncent toutes une construction solide et résistante.

Telle est, en effet, celle du cheval percheron, qui supporte les plus rudes travaux lorsqu'on ne lui inflige pas une vitesse supérieure à celle que comporte sa conformation courte et ronde.

Ce portrait, emprunté tout entier à un article d'ailleurs peu favorable à la race percheronne, est assurément celui d'un bon cheval ; la tête et la croupe laissent à désirer sans doute, mais les pieds sont excellents, le garrot et le rein véritablement bien conformés, le poitrail ouvert et la vitesse suffisante : il y a chez cette race un principe de vigueur très-remarquable qui lui permet à la fois une grande précocité et une forte aptitude au travail, joint à une solidité de tempérament qu'ont pu apprécier tous les habitués des postes et diligences en voyant à la fin du relais, l'attelage ruisselant de sueur, laissé long-temps sans péril à la porte de l'écurie.

Le Percheron n'est pas précisément bâti en trotteur rapide : pour lui donner la vitesse voulue par le service des malles, il fallait souvent le lancer au galop, allure obtenue aux dépens des services par la fatigue anticipée des genoux et des jarrets, centre d'activité et de mouvement des membres : assurément les types plus rapprochés du sang et d'une conformation moins étoffée donneront plus de vitesse au trot, attelés surtout à des véhicules légers et roulants ; mais pour traîner de lourdes diligences ou de massifs omnibus, le Percheron reste à peu près sans rival, et si les circonstances l'ont allégé des premières, il lui reste une lourde tâche à remplir quant aux autres.

Plus que bien d'autres, la question du cheval a produit des systèmes, ici d'élevage et d'influence locale, là de croisement, de sang et de régénération successive : le Percheron ne demande qu'à se conserver pur dans son type par le choix éclairé des reproducteurs sortis de sa race, l'expérience du moins tend à le démontrer ; perfectionner l'usage ou, si l'on veut, corriger la routine, en épurant l'étalon, telle paraît être la solution préférable du problème.

Le Perche, d'ailleurs, se borne à produire le poulain, et le vend, généralement âgé de six mois, ou *laiton*, rarement d'une année sur l'autre, ou *antenais*, à la Beauce et à la région normande qui l'élèvent et livrent au commerce le cheval fait, de quatre à cinq ans.

Il se vend communément aux deux foires de Chartres, dites des Barricades et de Saint-André, 3,000 têtes de chevaux entiers,

Et à celles de Saint-Lubin de Chassant, Sainte-Catherine de Courtalain et autres, 4 à 5,000 poulains et pouliches de six à huit mois.

MOUTON MÉTIS-MÉRINOS-BEAUCERON.

Si le cheval du Perche a persisté dans son type d'origine ou nous est parvenu tel qu'il est aujourd'hui, comme produit du hasard au moins autant que des procédés d'élevage, son voisin, le primitif mouton de la Beauce, a totalement disparu, transformé en une race nouvelle par le métissage.

Cette révolution agricole et industrielle date de 1786 et de la première importation d'un troupeau mérinos pur aux bergeries de Rambouillet : on était loin encore de la pratique du libre échange et il ne fallut rien moins que la demande de Louis XVI

5

à son beau-frère le roi d'Espagne, pour faire lever la prohibition de sortie dont cette belle race avait été frappée jusqu'alors. L'influence des nouveaux venus rayonna naturellement dans le voisinage; aussi le troupeau de Beauce reconnaît-il légitimement pour ancêtre celui de Rambouillet.

Ce ne fut toutefois, dit M. Émile Lelong, que vingt ans plus tard, sous le Consulat, par l'importation libre de brebis-mérinos due à l'élan de hardis novateurs courus à la conquête de la précieuse toison d'or, que la transformation s'opéra sur une grande échelle et se consomma l'absorption de la race indigène.

Ceux qui sont nés quelques années avant le siècle peuvent se rappeler avoir vu paître dans les fossés de la ville de Chartres, des béliers d'aspect farouche, de mœurs sauvages, difficilement contenus par les chiens, à la garde d'un pâtre pyrénéen dont le costume pittoresque tranchait fort sur la blouse du berger beauceron.

Dès ce moment le succès des mérinos en Beauce fut un fait accompli. Les femelles venues d'Espagne et les béliers tirés de Rambouillet permettant d'agir par la double action des deux sexes, on put créer, d'un côté, des sujets de race pure, de l'autre, agir sur la race du pays par les reproducteurs de sang. Ce dernier moyen fut naturellement le plus réel et le plus prompt, le plus avantageux aussi, et en définitive, bien que le pays passe volontiers pour opposer une résistance assez passive aux innovations, au bout de quinze années, c'est-à-dire vers 1820, il n'existait pas, dans le chartrain proprement dit, un seul troupeau de l'ancienne race indigène.

Ce qu'étaient cette race, ses qualités, ses défauts, peu de personnes aujourd'hui le pourraient dire *de visu*, mais la tradition n'en rapporte rien de bien.

C'était une charpente osseuse, haute sur pattes, peu profonde, maigrement chargée de chair et plus légèrement encore habillée d'une laine grossière pesant à peine 4 à 5 livres la toison, et la bête ne dépassant guère 50 à 60 livres de poids vif; celle-ci se nourrissait exclusivement sur les jachères en été, et avec de la paille en hiver, ne coûtait pas beaucoup et rapportait peu; elle n'était d'ailleurs pas nombreuse, une ferme de 200 hectares entretenait au plus 250 à 300 têtes et ne les faisait entrer que pour une faible part dans le roulement économique de son exploitation.

Cette absence de qualités d'une race appauvrie tant de laine que de viande aida puissamment à la régénération préparée par l'importation d'une race riche de l'une et l'autre : une ère nouvelle s'ouvrit alors tant pour la production agricole que pour l'emploi industriel ; la laine devint surtout le but du producteur poussé par le manufacturier ; dans l'origine elle était tout.

Que voulait alors l'industrie ? que recherchait-elle du côté de la laine ? la finesse, l'ondulation du brin, la souplesse, le moelleux, le nerf, l'élasticité, l'extensibilité, la hauteur, l'égalité dans les différentes parties du corps, et particulièrement le tassement.

Cette dernière qualité qui manquait entièrement à l'ancienne race fut acquise en partie par ces premiers croisements, et ce succès fut peut-être le plus désirable de tous : en effet, dans le régime des bergeries closes auquel les brusques changements de la température nous forcent à condamner nos troupeaux, de graves inconvénients déprécient nos toisons lâches et ouvertes qui se chargent et se tachent jusqu'à la peau de poussière ou de débris : le mérinos tassé et fourni résiste mieux aux causes de maculation, et tout d'abord présenta, de ce fait, des avantages que cherchèrent à s'approprier les cultivateurs beaucerons. Au tassement serré de la laine se joint, en outre, chez lui un suint abondant qui retient à l'extrémité du brin la poussière la plus déliée, de manière à former une sorte de tégument imperméable, d'aspect résineux, sous lequel la laine, protégée et comme enveloppée, se conserve propre.

Ainsi le tassement désiré par le manufacturier comme facilitant l'épuration de la matière première faisait aussi l'affaire du producteur, donnant à la toison l'avantage du poids sur un marché où c'était et c'est encore l'usage de vendre en suint.

Le tassement, cette qualité particulière du mérinos définitivement obtenue, et la laine se soutenant à de hauts prix, le pays chartrain continua à aller chercher ses reproducteurs à Rambouillet où, d'ailleurs, sous une direction habile, les autres qualités de nerf, d'extensibilité, de souplesse et surtout de finesse, avaient été acquises à un degré remarquable et de beaucoup supérieur à celui de la race espagnole primitivement importée.

Mais le mal est souvent à côté du bien et l'erreur côtoye le progrès : cette faveur accordée à la finesse, qui est inhérente aux petites races maigrement nourries, avait suggéré, vers 1824, à un nouveau directeur de Rambouillet, l'idée d'introduire dans le troupeau un bélier de Naz. La race de Naz, aussi d'origine mérinos, est un dérivé de la race dite Electorale de Saxe, mais elle reste de la plus petite taille et ses sujets pèsent à peine 18 kilos vivants.

De là un premier divorce entre la Beauce et Rambouillet : une contrée riche en prairies artificielles, dont la bête ovine comporte taille et développement, ne pouvait s'accommoder d'un sujet fait pour des conditions alimentaires moins favorables. La tentative fâcheuse de Rambouillet ne fut point, il est vrai, poursuivie, le mal, depuis, a été réparé par une réaction intelligente, mais le coup était porté et les cultivateurs chartrains ne retournaient plus à la bergerie du Gouvernement.

Il se forma alors dans le département d'Eure-et-Loir, et surtout dans celui de Seine-et-Oise, des bergeries de reproducteurs issus de la même origine, mais dont on prenait soin de mettre en sélection les sujets qu'un accident heureux avait fait naître plus volumineux, et qui, développés par une direction habile, étaient devenus ainsi le type d'une sous-race.

Depuis l'abandon juste ou mérité du mérinos pur, c'est véritablement cette sous-race, non parfaitement homogène, puisqu'elle ne sort pas d'un établissement unique, mais vient de cinq à six bergeries en renom créées d'ailleurs en vue des mêmes besoins, c'est, dis-je, cette sous-race qui a imprimé son cachet à la population ovine de la Beauce, existant aujourd'hui.

Tel que les circonstances nouvelles l'ont produit, le mérinos-métis du pays présente généralement les caractères suivants.

Taille : élevée dans les béliers adultes, 0^m 90 de haut sur 1^m 25 de long, de l'œil à la sortie de la queue.

Charpente : osseuse, épaisse et volumineuse ; les jambes grosses rapprochées l'une de l'autre ; tête énorme, sommet développé outre mesure, cornes très-fortes, prolongées parfois en spirale interne de manière à blesser le front ; épaules et poitrine peu profondes ; celle-ci présente souvent à la partie externe, comme à la supérieure, tout le long de la paroi costale, un retrait profond indiquant un défaut d'ampleur de la cavité pectorale.

Poids : généralement 25 à 35 kilos de viande nette de boucherie et une tonte annuelle de 5 à 7 kilos de suint; développement tardif.

Santé : très-sujette à la maladie dite *du sang de rate ;* on compte aujourd'hui par milliers les pertes occasionnées par cette affection inflammatoire ou apoplectique, la plus redoutable et la moins curable jusqu'à ce jour de celles qui attaquent les animaux domestiques.

Est-ce au plâtrage des prairies artificielles qu'il faut attribuer la mortalité, ou à l'insolation prolongée, à l'abondance du régime, au passage trop subit de l'état de maigreur à celui d'embonpoint, et réciproquement? Serait-ce à l'insalubrité de la bergerie, sorte d'étable d'Augias trop rarement nettoyée de ses fumiers accumulés, et il n'y a pas longtemps encore, tenue close dans les chaleurs de juillet pour faire monter le suint? Faut-il l'attribuer encore à la constitution propre du mérinos, à son aptitude native ?

Des études suivies et de plus nombreuses tentatives n'ont rien appris encore de certain sur les causes non plus que sur le traitement préservatif ou curatif de la maladie. Un seul fait paraît acquis, le caractère contagieux et la nécessité, par suite, de l'enfouissement profond du débris cadavérique. Le mal paraît toutefois cesser de sévir lorsque les troupeaux émigrent vers des lieux frais et ombragés.

Le caractère extérieur du mérinos, tel qu'il vient d'être décrit et qu'il constitue réellement ce qu'on peut appeler la seconde manière de la Beauce, commence vers 1825 : il est accepté, jouit de la faveur publique et semble répondre aux besoins de la population et de l'industrie jusqu'en 1850. A ce moment sa vogue s'arrête; le prix de la laine, en vue duquel il avait sa principale raison, ne dépasse guère 2 fr. le kilogramme et cesse pour le producteur d'être suffisamment rémunérateur.

D'un autre côté les idées productrices se sont portées vers la fabrication de la viande en masse et à bon marché : déjà le bétail anglais représenté par le bœuf Durham, le mouton Dishley, Southdown et Lincoln, pour types d'ampleur, d'engraissement et de précocité, ont appelé vivement l'attention des économistes et de ceux qui travaillent à l'alimentation publique. Plus de chair, moins de laine, proclame énergiquement l'habile président du Comice chartrain, M. Emile Lelong, à qui est due en entier cette notice! le mérinos a fait son temps, la brèche est ouverte, les plus habiles y sont montés avec le temps, tous y passeront !

Mais le propre d'un système est de provoquer le système contraire : et dans le *Livre de la Ferme*, M. Sanson, autre économiste agricole, refuse aux plaines argilo-calcaires de la Beauce, en grande partie céréales, faiblement boisées et manquant d'eau, les conditions fourragères utiles à l'alimentation abondante des races anglaises. Les plantes, il est vrai, y sont nutritives, le pacage après la moisson dans les chaumes profite des épis restés sur le sol, et l'on conçoit très-bien, dans de telles circonstances, que le mouton soit la base essentielle de la production animale de la région ; aucune autre espèce ne saurait mieux que lui tirer parti des ressources qu'elle peut offrir, et subir à un moindre degré les influences de la formation géologique et de la température habituelle. Mais si le sobre mérinos, race à laine par excellence, s'accommode bien de ces données locales, les moutons anglais, races à viande surtout, et dont la précocité se développe aussi par une plus grande somme de nourriture, sont fortement exposés à n'y trouver que des moyens insuffisants : toutes exceptions gardées, pour la généralité des cultivateurs beaucerons, tant que l'agriculture de leur pays n'aura pas pris une autre face par une réforme essentielle d'assolement qui laisse plus de place à la succession de pâturages verts et à des champs cultivés spécialement en vue de la nourriture des moutons pendant la saison des sécheresses, et ce ne sera vraisemblablement encore de sitôt, la production de la laine devra demeurer la base de leurs opérations. Dans le milieu où ils opèrent, on ne saurait, en conscience, penser à l'élevage des animaux doués de précocité, et parmi ceux de l'espèce, les plus appropriés aux conditions normales sont par conséquent ceux qui, durant la période de leur développement, donnent les revenus les plus élevés. Or, à cet égard, les mérinos et leurs métis n'ont point de rivaux.

Ce n'est pas à dire pourtant qu'il n'y ait point d'efforts à faire pour les améliorer. Indépendamment des réformes dans la culture ayant pour effet d'assurer un meilleur entretien du troupeau, les sujets peuvent acquérir des formes plus convenables pour la boucherie, en même temps que des toisons plus uniformes de qualité : un soin attentif dans le choix des reproducteurs de belle conformation et de laine la plus estimée y conduira certainement. Il faut viser, en définitive, à faire du mouton beauceron un animal conformé comme le Southdown et portant une toison comme le mérinos de Rambouillet. C'est là le programme vrai du mérinos approprié à la localité.

Entre ces deux opinions d'hommes très-compétents, l'une qui proclame que la laine a fait son temps, l'autre qui veut améliorer à la fois laine et viande, faisant la part de ce que chacune peut présenter de trop général ou de systématique, l'éleveur aura à chercher la meilleure solution pratique, car en ces questions, il faut tenir grand compte du terrain sur lequel on opère. On ne change pas d'ailleurs une race en un jour, et la refonte peut s'expérimenter par voie d'importations et de croisements progressifs.

Il est certain, pour la Beauce, qu'il y a quelque chose à faire, en culture comme en troupeau. Le champ d'art y produira autrement et davantage; le mouton doit perdre ses formes osseuses, rendre sa chair plus savoureuse, acquérir de la précocité, résister plus sûrement aux affections morbides.

Par quelle série de procédés lui donner les qualités nécessaires et corriger les défauts de sa race? C'est à l'enseignement agricole de diriger la pratique, et ce n'est ici qu'une notice historique. Elle se résume par cette proposition : à chaque époque ses productions propres : la Beauce a su créer le métis-mérinos qui répondait aux besoins de laine, le progrès veut aujourd'hui qu'elle arrive, par un nouveau métissage, à satisfaire aux besoins de viande.

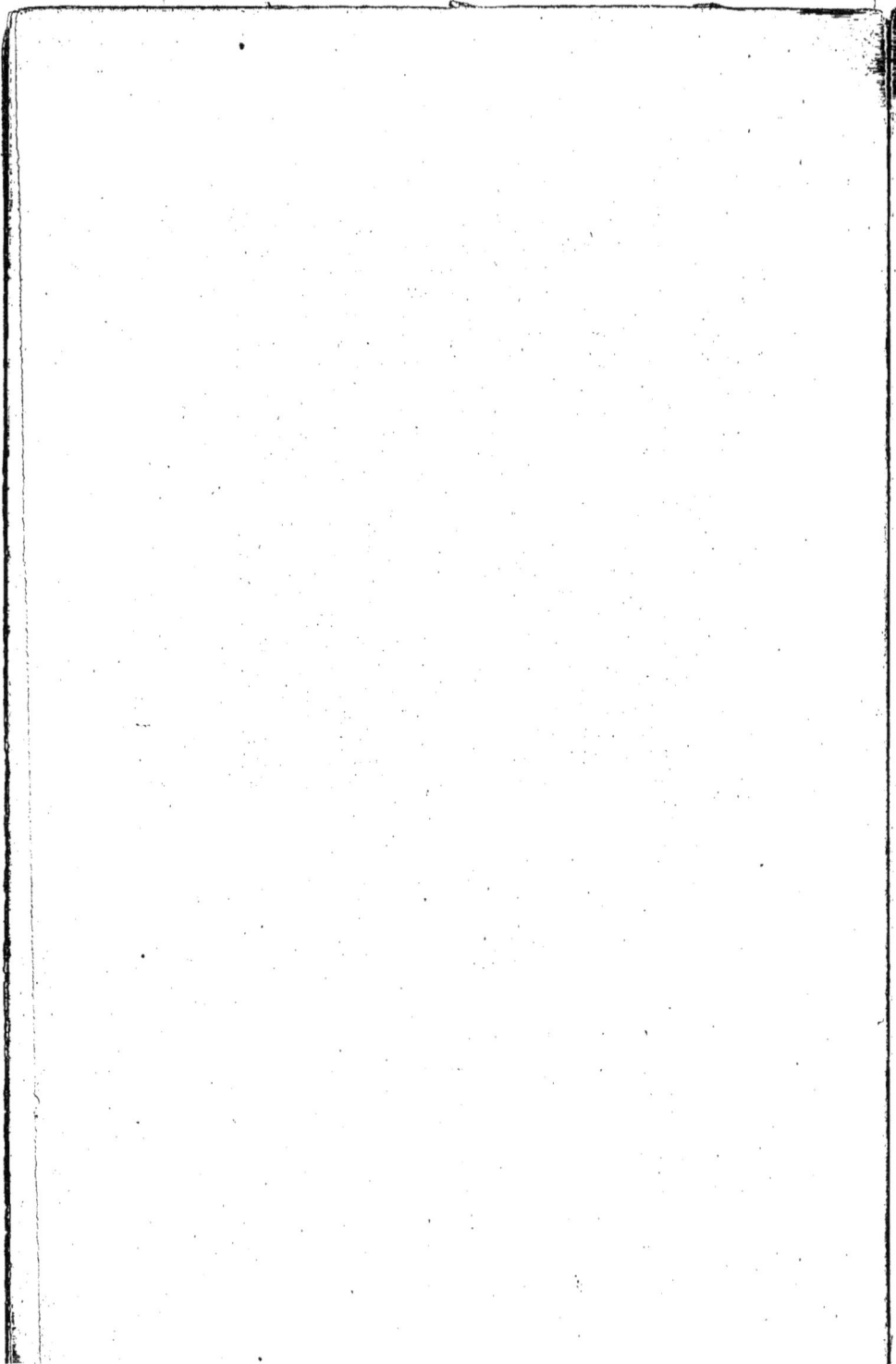

APPENDICE.

Chartres, janvier 1870.

J'ai désiré ne rien changer aux aperçus placés en tête des catalogues des mammifères et des oiseaux du département d'Eure-et-Loir, que j'ai rédigés pour la statistique publiée par la Société archéologique. Ces aperçus, reproduits ici, sont dus à la plume de notre regretté président, M. de Boisvillette, dont les notes ont été religieusement respectées.

Cependant il m'a paru utile d'ajouter ici une liste dans laquelle les oiseaux sont classés selon leurs conditions d'habitat ou de passage, et qui donnera un résumé de mon travail primitif sur la faune ornithologique.

Le catalogue raisonné signale 231 espèces d'oiseaux trouvées dans notre département, mais il faut observer que trois races ou variétés ont reçu à tort des numéros d'ordre et que les lignes qui les concernent doivent être considérées comme des notes jointes à ce qui est dit des espèces types. Ainsi l'*Epervier major* (Astur major) ne paraît plus admis comme espèce par la plupart des auteurs, et son apparition doit être simplement signalée à la suite de l'*Epervier ordinaire* (Astur nisus). De même la *petite perdrix Grise* ou *Roquette* (Perdix damascena) et la *perdrix de Montagne* (P. montana) ne seraient que des variétés dérivées de la *perdrix Grise* (P. cinerea), et c'est par erreur que des numéros, placés en tête de leurs noms, les avaient élevées au rang d'espèces, alors qu'on les présentait comme races. Par contre, nous avons à signaler l'apparition depuis l'année 1867 de deux nouvelles espèces : l'*Epervier Autour* (Astur palumbarius) et la *Fuligule double macreuse* (Fuligula fusca). Ainsi le chiffre total de notre contingent doit être ramené aux 230 oiseaux que comprend notre liste.

G

OISEAUX OBSERVÉS DANS LE DÉPARTEMENT
D'EURE-ET-LOIR [1].

I.

OISEAUX SÉDENTAIRES, NICHANT.

Astur nisus.
Falco tinnunculus.
Strix aluco.
— psilodactyla.
— flammea.
— otus.
Picus viridis.
— major.
Pyrrhula Europæa.
Coccothraustes vulgaris.
Chlorospiza chloris.
Passer domesticus.
— montanus.
Fringilla cœlebs.
Carduelis elegans.
Cannabina linota.
Emberiza citrinella.
— cirlus.
Parus major.
Corvus corone.
— monedula.

Pica caudata.
Garrulus glandarius.
Sturnus vulgaris.
Alauda arvensis.
— cristata.
Motacilla alba.
Turdus merula.
Erithacus rubecula.
Accentor modularis.
Troglodytes Europæus.
Sitta Europæa.
Alcedo ispida.
Columba palumbus.
Phasianus Colchicus.
Perdix rubra.
— cinerea.
Gallinula chloropus.
Fulica atra.
Anas boschas.
Podiceps minor.

II.

OISEAUX DE PASSAGE, NICHANT.

Buteo vulgaris.
Circus cineraceus.
Falco subbuteo.

Strix brachyotos.
— scops.
Cuculus canorus.

---

[1] Nomenclature de l'*Ornithologie européenne*, de Degland, 1re édition.

Emberiza miliaria.
Parus cœruleus.
— palustris.
— caudatus.
Corvus frugilegus.
Hirundo rustica.
— urbica.
Cypselus apus.
Caprimulgus Europaeus.
Muscicapa grisola.
Lanius excubitor.
— minor.
— rufus.
— collurio.
Anthus pratensis.
— arboreus.
Motacilla flava.
Oriolus galbula.
Turdus musicus.
— viscivorus.
Saxicola œnanthe.

Saxicola rubetra.
— rubicola.
Erithacus luscinia.
— phœnicurus.
Sylvia atricapilla.
— hortensis.
— curruca.
— cinerea.
Phyllopneuste trochilus.
Hippolais polyglotta.
Calamoherpe turdoïdes.
— arundinacea.
Certhia familiaris.
Columba turtur.
Perdix coturnix.
Otis tetrax.
Œdicnemus crepitans.
Vanellus cristatus.
Rallus aquaticus.
— crex.

III.

OISEAUX NICHANT ACCIDENTELLEMENT [1].

Circus rufus.
Yunx torquilla.
Alauda brachydactyla.
Anthus campestris.

Upupa epops.
Ardea stellaris.
Scolopax rusticola.

IV.

OISEAUX DE PASSAGE RÉGULIER.

Milvus regalis.
Circus cyaneus.
Falco peregrinus.

Falco lithofalco.
Fringilla montifringilla.
Carduelis spinus.

[1] Je n'ai indiqué comme nichant que les espèces dont j'ai pu constater la nidification par moi-même ou d'après des témoignages certains; sans aucun doute d'autres oiseaux ont pu nicher plus ou moins fréquemment; tels, par exemple, les *Ardea minuta*, *Rallus porzana*, etc.

Emberiza schœniculus.
Regulus cristatus.
 — ignicapillus.
Corvus cornix.
Muscicapa atricapilla.
Alauda arborea.
Anthus spinoletta.
Motacilla Yarrellii.
Turdus torquatus.
 — pilaris.
 — iliacus.
Phyllopneuste rufa.
Charadrius pluvialis.

Charadrius morinellus.
Grus cinerea.
Ardea cinerea.
Ciconia alba.
Totanus ochropus.
 — hypoleucos.
Scolopax gallinago.
 — gallinula.
Anas acuta.
 — Penelope.
 — querquedula.
 — crecca.

V.

OISEAUX DE PASSAGE ACCIDENTEL.

Pernis apivorus.
Parus ater.
Motacilla boarula.
Columba œnas.
 — livia.
Vanellus Helveticus.
Totanus calidris.

Rallus porzana.
Anser ferus.
 — sylvestris.
 — albifrons.
Anas clypeata.
Fuligula ferina.

VI.

OISEAUX DONT LES APPARITIONS ACCIDENTELLES SONT CONSTATÉES.

Aquila nævia.
Haliætus albicilla.
Pandion haliætus.
Buteo lagopus.
Milvus niger.
Astur palumbarius.
Falco sacer.
 — vespertinus.
Picus medius.
 — minor.
Loxia curvirostra.
Linaria borealis.
 — rufescens.

Emberiza cia.
 — hortulana.
 — nivalis.
Parus cristatus.
Nucifraga caryocatactes.
Hirundo riparia.
Muscicapa albicollis.
Motacilla Rayi.
Erithacus tithys.
 — cyaneculus.
Accentor Alpinus.
Phyllopneuste sylvicola.
Calamodyta phragmitis.

Tichodroma muraria.
Coracias garrula.
Merops apiaster.
Syrrhaptes Pallasii.
Otis tarda.
— Macqueenii.
Charadrius hiaticula.
— minor.
Ardea purpurea.
— minuta.
— nycticorax.
Ciconia nigra.
Platalea leucorodia.
Ibis falcinellus.
Numenius arquata.
— phæopus.
— tenuirostris.
Limosa ægocephala.
— rufa.
Totanus glottis.
— fuscus.
Machetes pugnax.
Scolopax major.
Tringa subarquata.
— cinclus.
— cinerea.
— maritima.
Phalaropus cinereus.
Himantopus melanopterus.
Recurvirostra avocetta.
Rallus pusillus.
Stercorarius pomarinus.
— cepphus.

Larus marinus.
— argentatus.
— canus.
— fuscus.
— tridactylus.
— ridibundus.
— Sabinii.
Sterna fissipes.
— hybrida.
Thalassidroma Leachii.
Phalacrocorax carbo.
Anser erythropus.
— bernicla.
— Ægyptiacus.
Cygnus ferus.
— olor.
Anas tadorna.
— strepera.
Fuligula clangula.
— marila.
— cristata.
— nyroca.
— nigra.
— fusca.
Mergus merganser.
— serrator.
— albellus.
Colymbus glacialis.
— septentrionalis.
Podiceps cristatus.
— rubricollis.
— cornutus.

RÉSUMÉ.

I. Oiseaux sédentaires,
     nichant. 41

II. Oiseaux de passage,
     nichant. 47

III. Oiseaux nichant ac-
     cidentellement . . 7

> 95 espèces dont nous avons constaté les nids.

IV. Oiseaux de passage régu-
     lier. 31

> 126 espèces indigènes ou de passage habituel.

V. Oiseaux de passage acci-
     dentel. 13

VI. Oiseaux dont les appari-
     tions accidentelles sont
     constatées. 91

> 104 espèces paraissant accidentellement.

TOTAL. . . . . 230 espèces.

NOTA. — Lors de la tenue du Congrès de l'Institut des provinces, ouvert à Chartres, au mois de septembre 1869, il nous avait été demandé un aperçu des richesses ornithologiques de notre département et nous avions présenté ce tableau comme simple renseignement statistique. La liste des oiseaux compris dans chaque paragraphe était indispensable pour le compléter, mais cette longue nomenclature eût été isolée et par suite déplacée dans les annales du Congrès; nous avons donc pensé préférable de l'insérer ici, où nous la croyons à sa véritable place.

ERRATA.

Page 6, ligne 20; *après :* que lui avait envoyé mon père, *ajouter :* M. J. Marchand.

P. 8, lig. 3; où ils manquent, *lire :* d'où ils disparaissent.

P. 19, avant-dernière ligne; souvent à des, *effacer :* souvent.

P. 21, lig. 20; schœniculus, *lire :* schœniculus.

Id., lig. 29; en compagnie des; *lire :* en compagnie de.

P. 23, lig. 14; nichent dans le pays et les bois, *lire :* dans les bois isolés de la plaine et dans les forêts.

P. 29, lig. 24; Février 1825, pendant huit jours. Novembre 1856 et disparus, *lire :* En février 1825 on en vit un pendant huit jours. Deux arrivèrent en novembre 1856 et disparurent.....

P. 31, lig. 1re; œnas, *lire :* œnas.

Id., lig. 17; *après :* de la Belgique, *ajouter :* pendant le cours de la même année.

P. 32, lig. 5; elle a pour espèces, *lire :* elle a pour races.

Id., lig. 6; *remplacer le n° 137, par 1ª.*

Id., lig. 10; *id.* 138, *par 2ª.*

P. 33, lig. 3; Outarde de Maqueen, Otis Maquenei, *lire :* Outarde de Macqueen et Macqueeni.

P. 35, lig. 5; Ibis fascinelle, Ibis fascinellus, *lire :* Ibis falcinelle, Ibis falcinellus.

P. 37, lig. 7; de leur apparition, *lire :* de son apparition.

P. 41, lig. 16; très-irrégulièrement, *lire :* très-irrégulier.

Id., lig. 25; seulement des jennes, *lire :* seulement sous le plumage de jennes.

TABLE

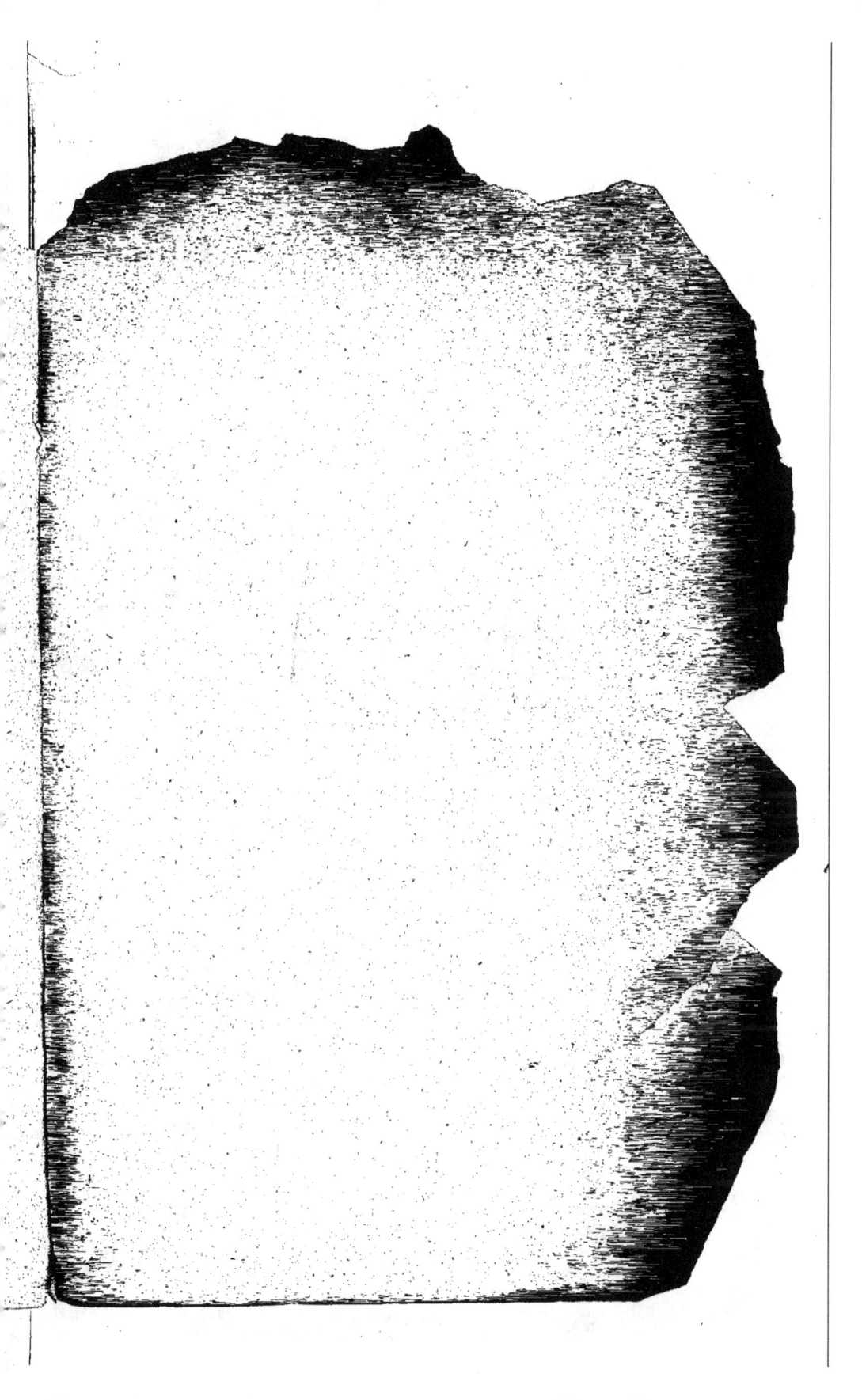